초등학생이
가장 궁금해하는
아슬아슬 공룡
이야기 30

초등학생이 가장 궁금해하는
아슬아슬 곤룡 이야기 30

2015년 10월 20일 초판 1쇄 발행

지은이 | 김황영
그린이 | 김정덕
펴낸이 | 한승수
마케팅 | 안치환
편집 | 조예원
디자인 | 우디

펴낸곳 | 하늘을나는교실
등록 | 제395-2009-000086호
전화 | 02-338-0084
팩스 | 02-338-0087
E-mail | hvline@naver.com

ISBN 978-89-94757-16-2   64400
ISBN 978-89-963187-0-5(세트)

초등학생이 가장 궁금해하는 아슬아슬 공룡 이야기 30

글 김황영 · 콘티 노하선 · 그림 김정덕

백악기 포유류 에오와
함께 하는 공룡 대탐험

하늘을 나는교실

공룡이 살았던 세상은 어땠을까?

가장 좋아하는 동물이 뭐야? 뭐, 공룡이라고? 공룡은 6천 5백만 년 전에 이미 멸종해서 볼 수도, 만질 수도, 먹이를 줄 수도 없는 동물인데도? 하하하! 화석만 남아 있을 뿐 오래전에 사라지고 없는 공룡을 마치 살아 있는 동물처럼 좋아해 준다니 만약 공룡이 살아 돌아온다면 무척 반가워하겠는걸?

그렇다면 공룡을 좋아하는 이유는 뭐지? 으응, 거대한 몸집하고 칼날같이 길고 날카로운 이빨이 멋있다고? 음, 티라노사우루스 같은 덩치 크고 무시무시한 공룡을 좋아하는군!

공룡은 티라노사우르스뿐만 아니라 종류도 아주 많아. 지금까지 발견된 공룡은 약 600종인데 그 공룡들은 저마다 독특한 생김새를 지녔고 크기도 다양해. 그러니 티라노사우르스를 좋아하는 어린이 말고도 이마에 커다란 뿔이 달린 트리케라톱스를 좋아하거나 등에 마름모꼴 골판이 있는 스테고사우루스를 좋아하거나 머리에 큰 볏을 가진 파라사우롤로푸스를 좋아한다거나 투구를 쓴 것처럼 불룩 튀어나온 머리를 한 파키케팔로사우루스를 좋아한다거나 꼬리에 커다란 망치가 달린 안킬로사우루스를 좋아한다거나 공룡은 아니지만 하늘을 나는 익룡인 람포린쿠스나 물 속에 사는 수장룡인 엘라스모사우루스를 좋아할 수도 있을 거야. 물론 좋아하는 이유도 각자 개성 있게 다르겠지.

공룡을 좋아한다면 공룡이 살았던 세상이 어땠을까도 궁금할 거야. 좋아하는 사람이 있다면 그 사람에 대해 뭐든 궁금해하듯이 좋아하는 공룡이 있다면 그 공룡에 대해 뭐든 알고 싶겠지. 공룡에 대한 궁금한 점을 해결하려면 공룡이 살았던

세상이 어떠했을지 궁금해지는 게 당연한 순서일 테니까.

공룡이 살기 훨씬 전 생명 탄생의 순간은 어땠는지, 공룡은 언제부터 살기 시작했는지, 공룡이 살던 지구의 환경은 어땠는지, 공룡의 종류와 특징은 무엇인지, 포유류는 공룡 시대에도 살고 있었는지, 공룡은 언제 어떻게 멸망했는지 등등 공룡에 대해서 온갖 궁금한 것투성이일 거야. 안 그래?

지구 최초의 생명체는 스트로마톨라이트이고 공룡이 살았던 시기는 트라이아스기 말기부터 백악기 말까지 약 1억 6천만 년 동안이고 공룡이 살던 지구환경은 따뜻하고 습도가 높아 나무고사리나 소철 같은 게 무성했지. 암만 좋아하는 공룡 이야기라 하더라도 이런 식으로 이야기를 해준다면 아주 따분하고 재미가 없어서 하품만 할지도 몰라.

이 책은 포유류의 조상인 에오마이어와 함께 공룡 시대로 시간 여행을 떠나는 이야기로 시작돼. 학습만화 속 한병만, 김단비가 되어 공룡과 함께 여행을 떠난다고 상상해 보면 어떨까?

공룡이 살아 돌아올 수는 없지만 공룡이 살았던 세상에 뚝 떨어진 듯 틀림없이 신나고 새록새록 즐겁고 유익한 시간이 될 거야.

자 그럼 우리 함께 공룡이 살았던 세상으로 떠나 볼까?

2015년 9월 김황영

■차례■

알쏭달쏭 단비의 그림

가장 오래된 생물 그려 오기 숙제 모두들 다 해 왔어요?

숙제
가장 오래된
그림 생물
?

네에에~!

아이, 어쩌지?
밤새 고민하다 점 하나밖에 못 찍었는데

그럼 그림 솜씨가 좋은 병만이 그림부터 볼까?

우아~ 잘 그렸다.

와~ 진짜 살아 있는 공룡 같다!

공룡을 참 멋지게 그렸구나. 그걸 그린 이유를 설명해 보렴.

공룡은 아주 아주 오래전에 살았던 생물이고 제가 가장 좋아하는 동물이기 때문에 그렸습니다.

이 연사 힘차게 외칩니다!

공룡은 지금으로부터 2억 2천3백만 년 전에 살았던 생물이지만 아쉽게도 가장 오래된 생물은 아니란다.

매머드는 긴 코와 긴 어금니가 아주 멋집니다. 복제양 돌리처럼 매머드가 복제되면 함께 사진 찍고 싶어요.

수철이는 흥미진진한 소망을 갖고 있구나. 안타깝게도 매머드는 공룡보다 훨씬 더 늦은 시기인 빙하기에 살았던 동물이란다.

이히히, 저랑 비슷하게 그렸네.

우호호~ 저건 매머드가 아니라 맷돼지 같은데.

투덜 투덜

선생님은 예술을 몰라!

9

앵? 점 하나뿐이잖아?

쳉 저거 빈 도화지에 날파리 앉은 거 아냐?

음…, 이게 무슨 그림인지 선생님도 궁금한걸.

이건 박테리아의 일종인 남조류인데 나이가 무려 36억 살이나 되죠.

선생님 단비가 숙제 안 해놓고 점 하나만 찍어서 대충 둘러대는 것 같은데요?

번쩍

시끌시끌

맞아 맞아, 말만 번드르르하잖아?

꿈보다 해몽이라더니.

하하하, 그림은 엉터리지만 말은 정답이네. 자신의 생각을 조리있게 말할 줄 아는 것도 중요하니까. 잘했어. 단비 말처럼 공룡도 매머드도 사람도 모두 박테리아에서 비롯되었지. 박수! 짝짝짝

단비는 1초도 안 걸리는 그림을 그렸는데 칭찬을 받는 건 불공평하다고 생각합니다.

열심히 그림을 그린 수철이는 억울할 수도 있겠지. 하지만 눈에 보이는 결과만 가지고 어떤 사람이 기울인 노력을 무시하는 건 옳지 않은 것 같아. 단비가 왜 점 하나만 찍었는지 그 이유를 한번 들어 보자.

박테리아처럼 작은 걸 어떻게 그릴까 밤새 고민하다가 그릴 수 있는 그림 중에 가장 작은 것은 점이라고 생각해서 점을 그린 거예요.

병만이네 집

아~, 단비가 미리 그림을 안 보여 준 이유가 점, 아니 박테리아 때문이었구나.

엄마는 어디 가셨나?

병만이네 집 거실

어? 누가 이렇게 치즈를 흘리면서 먹었지?

치즈 조각들

바스락 바스락!

찍찍!

앗! 우리 집에 쥐가 있나?

지구에서 맨 처음 생겨난 생물은 무엇일까?

우리가 살고 있는 지구의 나이는 몇 살일까? 백만 살일까? 아니다. 자료를 찾아보니 지구의 나이는 백만의 4천6백 배나 되는 46억 살이다. 그러니까 46억 년 전에 우리의 지구가 태어났다는 것이다. 46억 년이 얼마나 긴 시간인지는 도무지 가늠이 되지 않는다. 그러니까 그냥 아주 아주 아주 오래전 옛날이라고 해 두자.

그 아주 아주 아주 오래전 옛날의 지구는 생명이 살 수 없는 정말 끔찍한 곳이었다. 온통 용암이 펄펄 끓고 시도 때도 없이 소행성이 떨어져 폭발이 끊이지 않았다. 공기 중에는 유독 성분이 가득했고, 산소는 거의 없었다. 생명이 도저히 살 수 없는 지옥 그 자체였다고 한다.

지구가 생긴 후 처음 얼마 동안 지구에는 어떤 생명체도 없었다. 그러다 지구에 처음 생명체가 나타난 것은 한참 후의 일이다. 현재 가장 오래된 생명체 화석이 35억 년 전 것이니 적어도 35억 년보다 더 전에 생명체가 생겨났을 것이다. 바로 박테리아라는 단세포 생명체다. 박테리아는 펄펄 끓는 용암 속에서도 살 수 있었다. 그런데 그렇게 지구에 처음 나타난 박테리아 중 '남조류'라는 박테리아는 먼지를 먹고 햇빛을 받아 양분을 만들고 나서 찌꺼기를 배설했다. 그 찌꺼기가 바로 우리가 살기 위해서 꼭 필요한 산소였단다.

박테리아가 생김으로써 지구에는 비로소 생명이 움트게 되었다. 박테리아는 환경을 이겨내기 위해서 끝없이 변화해 나갔다. 그 변화를 진화라고 하는데, 진화를 통해 물고기도, 공룡도, 그리고 인간도 생겨났다. 박테리아야말로 아주 아주 아주 오래된 우리의 조상인 셈이다.

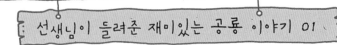
생명 탄생의 비밀을 간직한 열수구

병만이가 일기에 쓴 것처럼 지구 최초의 생명체는 바로 '남조류'야. 그렇다면 그것들은 지구의 어떤 곳에서 생겨났을까? 많은 과학자들은 깊은 바닷속 열수구라 불리는 곳에서 생겨났을 거라고 생각하고 있어.

열수구란 마그마로 인해 뜨거워진 물이 깊은 바다의 바닥에서 솟아오르는 곳을 말해. 이곳은 너무 깊어서 빛도 닿지 않지. 열수구에서 솟아오르는 물의 온도는 섭씨 300~400도에 이르지만 수압이 매우 높아서 물이 끓지 않아. 게다가 메탄과 황화수소, 납, 아연 등의 유독 물질이 가득해서 생명체가 살기 어려워. 지구가 맨 처음 생겨났던 때의 모습과 아주 비슷하지? 그래서 과학자들은 열수구 주변의 생물들을 연구해서 생명체 탄생의 실마리를 찾으려고 노력하고 있단다.

35억 년이 넘도록 산소를 만들고 있는 남조류

원시 지구 최초의 생명체인 남조류는 성장하여 스트로마톨라이트가 되었대. 스트로마톨라이트라니, 그 이름 참 어렵지? 우린 그냥 남조류라고 기억해 두자. 스트로마톨라이트가 지구를 지배하기 시작하면서 생긴 가장 큰 변화는 지구에 산소가 생긴 거야. 산소가 거의 없던 지구에 스트로마톨라이트는 활발한 광합성을 통해 산소를 만들어 냈지. 생명체에게 훌륭한 에너지가 되는 산소가 풍부해지자 핵을 가진 새로운 단세포 동물이 출현하기 시작했어. 최초의 생명체가 다른 생명체가 생겨나 진화할 수 있는 환경을 조성해 준 셈이지.

생명체의 탄생과 관련해 가장 관심을 받고 있는 곳은 호주의 샤크만 지역이야.

스트로마톨라이트의 암석이 발견된 지
역으로, 지금도 세계에서 가장 많은
스트로마톨라이트를 관찰할 수 있거
든. 스토로마톨라이트는 지금도 우리
나라의 소청도를 비롯해 세계 각지에

스트로마톨라이트

서 계속 생성되고 있어. 35억 년 전부터 지구에서 살아
온 스트로마톨라이트야말로 지구상에서 가장 큰 어른이라고 할 수 있겠지, 에헴!

새로운 생명의 출현은 단 한 번!

아주 옛날 지구에 단 한 번 하나의 새로운 생명체가 나타났어. 이 하나의 원시
생명체가 현재 지구에서 살아 숨 쉬는 모든 생물을 만들어 냈단다.

지구에 생겨난 원시 생명은 아주 짧게 생을 반복하다 어느 순간 새로운 행동을
했어. 후손을 만들어 낸 것이지. 이것이 바로 단 한 번도 멈춘 적이 없는 진화의
시작이야. 맨 처음 자신에게서 새로운 생명을 탄생시킨 그 순간을 생물학자들은
'대탄생'이라고 부르기도 한단다.

대탄생 이후 생명체는 진화를 통해
비로소 유전적 특징과 공통성을 공유할
수 있게 되었어. 생명과 생명 사이에 유
전 물질이 전해지게 된 것이지. 마치 너
희들이 엄마 아빠의 모습뿐만 아니라 행
동도 닮은 것처럼 말이야.

병만, 공룡 뼈 발견하다

병만이네 집 거실.

이상하다. 깔끔 그 자체인 엄마가 이 너저분한 꼴을 그냥 둘 리가 없는데.

치즈 조각이 열린 지하실로 이어져 있네. 진짜 쥐가 있나?

히히, 쥐가 범인이면 좋겠다. 쥐 핑계로 고양이 한 마리 사 달라고 하게.

그나저나 오늘 단비한테 졌으니 체면이 말이 아니네.

에잇, 속상해!

쿵 쿵

뒷산에나 올라가야겠다.

쿵 쾅

쿵 쾅

병만이네 집 근처 동산.

헉헉!

산을 올라도 마음이 안 풀리네. 괜히 힘만 뺐네. 아이고, 힘들어ㅇ

헉 헉 헉

그렇게 공들여 그림을 그렸는데 헛수고만 한 꼴이잖아, 전장.

뻥!

툭!

데구르르~

어8
이 허연 건
뭐지8

이, 이건 혹시8

파내자!

파바바박!

어라 저 강아지는 어디서 나타난
거야8 땅 파는 건 내 전공인 줄
알았는데 고수가 따로 있었네, 참 나.

파바바박!

음, 이 뼈 어쩐지
예사롭지 않아.

병만사우루스

저 뼈다귀, 맛있겠다.

이건 공룡 뼈가 틀림없어.
이 뼈가 공룡 발가락
하나라고 치면
어마어마하게
큰
공룡일
거야.

야호8 내가
공룡 뼈를 발견했다8

덩실
덩실
?

한병만, 손에 쥔
그 지저분한 건 뭐냐8

김단비, 너 잘 만났다.
이것 좀 보라고. 내가 공룡
뼈를 발견했다는 거 아니냐.

정말8 그게
공룡 뼈라고8

그러엄~, 난 이 공룡 뼈를 처음 발견한 사람이니까 공룡 이름에 내 이름을 붙일 거야.

공룡 뼈가 맞는지 우리 삼촌한테 가서 여쭤 보자. 우리 삼촌이 고생물학 박사거든.

아참 그랬지? 마침 잘 됐네. 가자고?

한병만, 그 소 뼈다귀같이 생긴 건 뭐?

소 뼈다귀라니? 이건 내가 발견한 공룡 뼈라고.

정말? 대박? 무슨 공룡 뼈인데?

거기까진 아직 몰라. 지금 단비 삼촌한테 여쭤 보러 가는 길이야. 단비 삼촌이 고생물학 박사거든.

근데, 그게 공룡 뼈 맞으면 나도 같이 발견했다고 해 주면 안 될까?

친구 아이가!

너 하는 거 봐서.

단비 삼촌의 연구실.

제발, 공룡 뼈라고 해 주세요, 단비 삼촌님. 공룡 뼈? 공룡 뼈?

이건 공룡 뼈가 아니라 개뼈다귀란다.

그럴 리가… 이거 공룡 뼈 맞는데….

그럼 그렇지. 야, 냄새난다. 저리 치워.

최초의 공룡은 누구?

남아메리카 아르헨티나의 작은 마을 산후안에서 우리가 그토록 알고 싶어 하는 공룡의 화석이 처음 발견되었다. 바로 '최초의 공룡'인 헤레라사우루스와 에오랍토르 화석이다. 아주아주 오래전 최초의 생명이 꼼지락거리며 지구에 탄생한 이후 34억 년이 지난 즈음인 트라이아스기 후기가 되어서야 공룡이 나타났다

과학자들은 헤레라사우루스와 에오랍토르가 최초로 공룡의 특징을 갖춘 동물이라고 생각하고 있다.

헤레라사우루스는 공룡의 화석을 발견한 농부 아저씨 헤레라의 이름을 따서 지은 것이다. 2~3m의 몸길이와 어른의 몸무게를 가진 작은 육식 공룡이지만 나중에 나타나는 거대한 육식 공룡과 생김새는 비슷해 튼튼한 뒷다리와 짧은 앞다리를 갖고 있었다. 하지만 이 시기에는 다른 큰 파충류들이 많아서 누비고 다니지는 못했을 것이다.

에오랍토르는 새벽의 약탈자라는 뜻을 가진 무서운 공룡이다. 이 공룡 역시 뒷다리로 서서 다니면서 재빠르게 움직여 작은 동물을 사냥해 먹고 살았다. 그런데 에오랍토르를 왜 새벽의 약탈자라고 했을까? 공룡이 처음 나타났을 시기에 지구를 지배하는 파충류는 따로 있었는데, 이들의 활동 시간을 피해 밤과 새벽에 사냥을 해서 그렇게 이름을 붙인 것은 아닐까?

헤레라사우루스
화석

공룡이란 어떤 생명체일까?

중생대에 지구를 주름잡던 거대한 생명체들을 보통 공룡이라고 해. 하늘을 날아다니는 공룡은 익룡, 물속에서 사는 공룡은 어룡이나 수장룡, 그리고 땅에서 사는 공룡은 그냥 공룡이라고 말이야. 그런데 이 가운데 어룡, 수장룡, 익룡은 공룡이 아니란다. 공룡으로 인정받으려면 세 가지 조건을 모두 갖춰야 하는데, 녀석들은 그렇지 않거든. 그럼 공룡이 갖춰야 할 세 가지 조건이 뭐냐고?

첫째, 오직 육지에서 생활했던 파충류라야 해. 그러니까 하늘을 날아다니던 익룡이나 물속에서 살던 어룡과 수장룡은 공룡이 아니야.

둘째, 다리가 몸 아래로 쭉 뻗어 있어야 해. 몸 옆으로 다리가 붙은 거북이나 악어, 도마뱀 같은 파충류는 설사 덩치가 산만큼 크더라도 공룡으로 인정해 주지 않아.

도마뱀

셋째, 반드시 중생대에 살았어야 해. 거대한 몸집은 비슷하지만 신생대에 살았던 매머드도 공룡이 아니라는 말씀.

공룡의 영어 이름인 다이노서 (Dinosaur)는 1842년 영국의 고생물학자인 오언이 처음 사용했어. 그리스 어로 '무서운'이라는 뜻을 가진 'deinos'와 '도마뱀'이라는 뜻을 가진 'sauros'를 합쳐서 만든 말이지. 즉, 무서운 도마뱀이란 뜻이야. 동양에서는 '무서울 공(恐)' 자와 '용 룡(龍)' 자를 써서 공룡이라고 부르지.

맨 처음 발견된 공룡 화석, '메갈로사우루스'

공룡 화석을 맨 처음 발견한 게 언제인 줄 아니? 놀라지 마. 무려 300년도 훨씬 전인 1676년이야. 영국의 한 채석장에서 발견되어서 옥스퍼드대학의 전문가에게 보내졌는데, 당시에는 전설에 나오는 거인의 뼈인지, 괴물의 뼈인지 알 수 없어서 단지 지금은 존재하지 않는 거대한 동물의 넓적다리뼈라고 생각했어.

이 화석의 주인이 바로 메갈로사우루스인데, 쥐라기 중기에 살았던 육식 공룡이야. 길이는 8미터에 몸무게는 1.5톤이나 나가는 큰 공룡이지. 메갈로사우루스란 이름을 붙인 사람은 옥스퍼드대학의 버클랜드 교수야. 처음 발견된 지 150여 년이 지난 1824년의 일이지. 그러나 이때까지도 '공룡'이란 말은 아직 태어나지도 않았어.

안타깝게도 지금 이 "넓적다리뼈"는 볼 수가 없단다. 왜냐고? 왜긴 뭐 잃어버렸으니까 그렇지. 몇 년 전에 우리나라에서도 남대문이 불에 타 재만 남은 거 알고 있지? 그러니까 역사적 유물들은 발견뿐만 아니라 잘 지키고 보존해서 자손들이 볼 수 있도록 잘 관리하는 것이 중요하겠지?

영화 〈쥬라기 공원〉의 한 장면

공룡 시대로 통하는 문

쥐라니? 난 포유류의 조상 에오마이어야. 날 부를 땐 그냥 에오라고 불러줘. 들고 있는 뼈다귀는 좀 내려놓고 말이지.

뭐? 네깟 치즈 도둑놈이 포유류의 조상이라니 말도 안 돼.

개뼈다귀로 때릴까 봐 겁나네.

그런 개뼈다귀 같은 건 갖다 버리고, 진짜 공룡 뼈를 보고 싶으면 날 따라와.

뭐? 아까는 공룡 뼈라면서?

그야 뭐, 공룡 뼈라고 말해야 내 머리가 깨지지 않을 것 같아서 그랬지.

이 녀석 완전 사기꾼이네. 공룡 뼈라 그랬다 개 뼈라고 그랬다.

헤헤헤. 그렇다고 폭력은 안 돼!

아, 됐고. 한병만 너, 진짜 공룡 뼈 보러 갈래 말래?

그런데 너 내 이름 어떻게 알았어?

밤말은 쥐가 듣고 낮말도 쥐가 듣는다는 속담도 몰라? 맨날 너희 집 들락거리며 네 이름도 못 들었을까 봐. 암튼 출발이얄~

어여, 어디로 가는 거야?

중상대로 가자앙

으악, 거울 속으로 빨려들어 간다앙

휘이이잉~

으아악~ 어지러워. 나람 날려~!

2

병만이 살려용

여유~!

허우적 허우적

시간 통로의 에너지를 이용해서 착지하라니까.

사뿐!

어어쿡!

쿵

여기가 어디야용

아이고, 엉덩이야.

중생대 백악기의 숲에 오신 걸 환영하네. 어험.

근데 여긴 왜 이렇게 후텁지근해용

휘휘

여긴 백악기 숲이라네. 트라이아스기에는 덥고 건조했다가 쥐라기 이후에 따뜻하고 습해졌지. 이런 환경 덕에 공룡은 물론 다양한 동물과 식물이 번성했단 말일세, 어험.

그럼 살아 있는 공룡도 직접 볼 수 있겠네용

근데 이 녀석 말투가 갑자기 왜 이래?

끄덕끄덕

공룡이 살았던 시대의 지구 환경

공룡이 살았던 시대의 지구 환경을 지금 어떻게 알까? 바로 우리가 알고 싶은 시대의 식물 화석을 살펴보면 알 수 있다. 식물은 날씨나 환경에 따라 자라는 모습이 다르다. 나이테 같은 것처럼. 그래서 어떤 식물이 어떻게 자라고 있었는지를 알면 그 시대의 자연환경도 알 수 있다.

공룡이 살았던 시대를 중생대라고 하는데, 1억 6천만 년 정도 되는 긴 기간이다. 이 시기는 또 트라이아스기, 쥐라기, 백악기로 나뉜다.

트라이아스기 초기에는 동물들이 별로 없었다. 트라이아스기가 되기 전인 페름기 말에 지구상에 있던 동물과 식물의 95%가 멸종되었기 때문이다. 처음 공룡이 나타난 시기는 트라이아스기 후기이다. 이때 지구의 날씨는 매우 덥고 건조했다. 아직 꽃이란 것도 없었고, 소철나무와 같이 잎이 뾰족한 식물들과 고사리들이 많이 자라고 있었다고 한다.

쥐라기가 되면서 지구는 온도가 조금 내려가고 습도도 올라갔다. 그래도 지금보다는 훨씬 따뜻했다. 습도가 높아지자 사막에 식물들이 자라기 시작했고, 비가 많이 오면서 더욱 무성해졌다. 먹을 것이 많아짐에 따라 초식 공룡들의 몸집이 점점 커졌고, 바다에는 상어류가 나타나고, 하늘을 나는 동물들이 생겨나기 시작했다.

백악기에는 꽃이 생기기 시작했다. 백악기 전기에 나타난 꽃은 바로 지구 곳곳으로 퍼져 나갔고, 나무와 풀이 우거지자 새들도 나타났다. 이렇듯 백악기는 따뜻한 기후와 높은 습도로 인해 다양한 생물이 생겨난 지구 역사의 황금기였단다.

소철

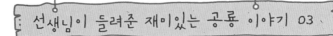
지구에 나타난 최초의 꽃은 뭘까?

맨 처음 꽃을 본 공룡은 누구일까? 중생대 백악기 전기에 살았던 공룡 중의 하나일 거야. 아마도 작은 초식 동물이었을 가능성이 커. 먹이를 찾아다니다가 한 번도 본 적이 없는 예쁜 식물을 보았겠지.

꽃이 지구상에 처음으로 나타난 것은 중생대 백악기 전기라고 해. 그러니까 지금으로부터 약 1억 4천만 년 전이지. 중국의 랴오닝 지방에서 지구 최초의 꽃 아르카이프룩투스의 화석이 발견돼 속씨식물 연구의 새로운 장이 열렸어.

암보렐라 트리코포다

이 속씨식물의 화석은 여러 개가 발견되었는데 뿌리와 새싹, 꽃, 씨의 화석이 모두 발견돼 식물학자들로부터 귀한 대접을 받고 있어. 그런데 이 최초의 꽃인 아르카이프룩투스는 멸종이 되었고 현재 피어나는 꽃들의 조상은 '암보렐라 트리코포다' 라는 꽃으로 알려져 있어. 이 꽃은 지금도 딱 한 종만이 호주에 살고 있대.

모두들 꽃향기를 맡으려고 코를 가까이 대다가 깜짝 놀란 경험이 한두 번씩은 있을 거야. 왜 그랬을까? 그래, 바로 벌 때문이지. 이 벌과 같은 작은 곤충들도 꽃이 나타난 이후에 생겨난 거야. 꽃이 없었다면 벌과 나비는 물론이고 사과나 배 같은 맛있는 과일들도 생겨나지 못했을 거야. 그러니까 과일을 먹을 때마다 꽃한테 감사의 기도를 드리도록!

꽃에서
꿀을 빠는 벌

공룡시대 지질 구분

대	기	세	시기(년 전)	주요 사건
고생대			5억 8,000만 년 전~ 2억 2,500만 년 전	• 최초의 단세포 생물인 남조류 출현 • 식물과 동물의 등장 • 파충류와 곤충류 등장 • 대멸종
중생대	트라이아스기		2억 2,500만 년 전~ 1억 8,000만 년 전	• 악어류, 익룡류 출현 • 원시 용각류 공룡과 포유류 등장 • 하나의 대륙 – 판게아 • 대멸종
	쥐라기		1억 8,000만 년 전~ 1억 3,500만 년 전	• 소형 조각류 공룡 출현 • 대륙의 분리 시작, 식물의 번성 • 거대 해양 파충류 등장 • 시조새 등장
	백악기		1억 3,500만 년 전 6,500만 년 전~	• 꽃의 등장, 대륙의 분리 대부분 완료 • 사계절 구분 • 공룡의 종류 다양화 • 대멸종
신생대			6,500만 년 전~ 현재	• 포유류의 진화 • 빙하기 • 인류 출현 • 문명 시작

4. 화석

공룡 똥을 밟다

그렇다면 이 공룡도 볼 수 있어요?

초롱 초롱

슈슈슉~

으악, 공룡이다!

에이잉 무서. 엎드리지 않고. 티라노사우루스가 나타났잖아.

크크크, 겁은 많아서

벌벌벌

우하하하, 시공간을 뛰어넘는 통로를 지나오면 뭐든 변한다네. 어험. 잘 보거나. 이건 자네가 그린 그림이잖은가?

오, 진짜 내가 그린 그림이네. 통로를 지나면 물건이 커진단 말이야?

꼭 그렇지만은 않네. 치즈를 호주머니에 넣어오면 맛이 소태같이 변해 버린다네, 어험.

근데 너, 어딜 봐도 내 또래인데 왜 아까부터 영감님 말투니?

크크크

그야 내가 백악기에 태어났으니까 1억3천짼백만 살이나 먹었기 때문이니라. 어험.

흥! 너 말 참 예쁘게 하는구나. 보면 볼수록 친해지고 싶지 않은 녀석이야.

바이 바이

꺼이이익~

어우, 똥 냄새. 똥 밟았대요. 얼레꼴레리~.

똥이라고 우습게 보지 마. 잘 말라서 곱게 묻힌 다음 수억 년 뒤 발견되면 똥 화석으로 귀한 대접을 받는다고.

우웩, 더러워. 똥을 만지고 있어.

뭐? 똥 화석? 뼈나 발자국 화석 말고도 똥 화석도 있단 말이야?

그럼. 뼈 화석이나 발자국 화석과 마찬가지로 똥 화석도 이 땅에 공룡이 살았다는 귀한 증거라고.

이게 그렇게 귀한 거란 말이지?

허겁지겁

너 지금 뭐 하는 거니?

보면 몰라? 공룡 똥 챙기지.

묵직

똥을 뭐 하려고?

아유, 무거워.

공룡 똥이 그렇게 귀하다면 비싸게 팔 수 있을 거 아니야?

이런, 모처럼 사귄 친구가 하필 똥 장사꾼이라니.

나 너무 유명해지는 거 아냐? 히히히.

공룡의 증거, 화석

지금은 멸종해서 공룡을 본 사람은 아무도 없다. 그럼 티라노사우루스나 브라키오사우루스 같은 공룡이 있었다는 것은 어떻게 알았을까? 그것은 오래된 지층에서 공룡의 화석을 발견했기 때문이다.

살과 가죽 같은 외형은 남아 있지 않지만 뼈는 화석으로 남았는데, 이 화석을 통해 공룡의 크기와 모습을 재현할 수 있다. 또 어떤 지질에서 발견되느냐에 따라 그 공룡이 활동했던 시기도 측정할 수 있고, 발견된 화석의 주인공이 육식 공룡인지, 초식 공룡인지도 알 수가 있다. 이빨이나 손톱 화석의 모양을 통해서도 알 수 있다. 육식 공룡은 고기를 찢거나 잘라 먹기에 좋은 날카로운 이빨을 가졌을 것이고, 초식 공룡은 식물을 씹어 먹기 좋게 둥글거나 사람의 어금니처럼 생긴 이빨을 가졌을 것이니까. 또 비슷한 모양의 발자국들이 한 지역에서 많이 발견되었다면 그 공룡은 무리를 지어 살았다는 것을 짐작할 수 있다. 이렇게 화석은 공룡의 생활까지도 짐작하게 해 주는 증거가 된다.

그런데 죽은 공룡이 모두 화석이 되는 것은 아니란다. 공룡이 죽으면 대부분 다른 육식 공룡들이 먹어치우기 때문이다. 그래서 신체 구조가 온전하게 있는 화석을 발견하기는 쉽지가 않다. 아주 드문 경우이기는 한데 이집트의 미라처럼 공룡 미라가 발견된 적도 있다. '다코타'라 불리는 공룡 미라는 피부와 근육, 심지어는 내장까지도 남아 있었다고 한다.

미크로랍토로 화석

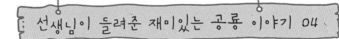
화석은 어떻게 만들어질까?

공룡이 죽어 화석이 되기까지는 정말정말 오랜 시간이 흘러야 돼. 아마도 1만 년 이상의 시간이 걸릴 거라고 추측하고 있지. 살았던 기간보다도 훨씬 더 오랜 세월 동안 안전하게 시체로 있어야 하는 거야. 그러니까 화산 활동이나 지진이 거의 없는 안전한 땅속에 잘 묻혀 있어야 한단다.

그런데 이렇게 화석이 되어 가는 과정보다 먼저 필요한 것은 잘 죽는 거야. 어떻게 죽는 것이 잘 죽는 거냐고? 동물의 사체는 대부분 다른 동물들의 먹이가 된다고 앞에서 얘기했지? 성격이 차분한 녀석을 만나 골격이 크게 훼손되지 않거나, 죽자마자 홍수가 나서 쓸려온 흙에 덮인다든가, 모래폭풍에 휩싸여 묻힌다든가 하면 더욱 좋겠지. 그렇게 잘 보존된 뼈 위로 차곡차곡 침전물이 쌓이면 화석이 될 가능성이 높아진단다.

지층은 지구의 박물관

지층

나무의 나이테가 1년에 한 줄씩 순서대로 생기듯이 지구의 지층도 오래된 순서대로 아래부터 차곡차곡 쌓여. 그래서 땅속의 화석들을 통해 우리는 지구에 살았던 생물들의 역

사를 알아낸단다

　삼엽충이 바다에 산 것은 고생대 캄브리아기야. 식물이 땅으로 올라온 시기는 고생대 실루리아기이고, 거대한 잠자리가 나타난 것은 고생대 페름기, 공룡이 멸종한 것은 중생대 백악기지. 사람이 등장한 시기는 신생대 제4기이고 말이야.

　이렇게 지층은 언제 어떤 생물들이 나타나 번성하였고, 또 멸종해 갔는지를 알려 주고 있는 박물관과도 같아. 뭐 그렇다고 땅만 보고 다니면 곤란해. 간판에 부딪혀서 머리에 혹이 공룡 뿔처럼 생길지도 모르니까.

똥의 화석, 분석

　밥 먹기 전이면 다른 쪽을 먼저 보는 것이 좋을 거야. 공룡의 똥에 대해서 얘기할 테니까. 분석은 똥 화석을 이르는 말이야. 공룡이 음식을 먹고 싼 똥이 화석이 된 거지. 정말 별의별 화석이 다 있지? 똥 화석을 살펴보면 그 공룡이 풀을 먹었는지, 고기를 먹었는지, 주로 어떤 음식을 먹었는지 알 수 있어.

　런던의 한 경매장에서는 미국에서 발견된 똥 화석이 약 590만 원에 팔린 적이 있어. 아마 세상에서 제일 비싼 똥일 거야. 우리나라에 있는 공룡박물관에서도 대부분 똥 화석을 전시해 놓고 있으니까 한번 관찰해 보렴.

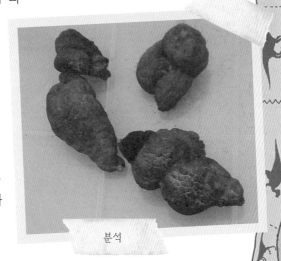

분석

공룡 다리의 비밀

똥 장사꾼? 내가 똥을 팔러 다니면
단비가 무척
싫어할 거야.
암만
공룡 똥이라고
하더라도
말이지.

아깝지만
버리자.

와르르

잘 했어. 어차피 통로를
지나면서 변해서
아무짝에도 쓸모없는 게
돼 버릴 거야.

쩍 쩍 쩍

그럼지 변해 버리지. 괜히
아까워했네. 왜 진작 그 얘길
안 했어?

네 취미가 하도 별나서 구경 좀
하려고 그랬지. 개뼈다귀
모으기, 똥 줍기 등등등.

뭐라고? 날 놀리기야?
너 이리 와!

나 잡으면
용치!

다다다다

야, 너 네다리로
뛰는 게 어딨어?
반칙이야.

?

반칙은 무슨. 난 원래
네다리로 다니는 동물인데
뭐가 문제야?

허억,
아이고 숨차!
저 녀석 엄청
빠르네.

너 지금처럼 계속 두 다리로 다녔잖아.

아, 이거. 공룡 흉내를 내다 보니 두 다리로 걷게 되었지.

그런데 공룡 중에서도 네 다리로 걷는 애들도 있던데 악어나 도마뱀 같은 파충류처럼.

두 다리로 걷든, 네 다리로 걷든 공룡의 다리는 파충류와는 달라.

네 다리로 걸으면 다 같지 다르긴 뭐가 달라?

다리 모양을 잘 봐. 이게 파충류야.

아하!

구부정

이건 공룡이고 말이지. 포유류인 너나 나처럼 다리가 곧게 아래로 뻗었지? 차이가 뭔지 알겠지?

꼿꼿

아, 파충류는 옆구리에서 다리가 수평으로 뻗어나와 무릎이 구부러지는데, 공룡은 몸 아래로 다리가 바닥을 향해 곧게 내려왔구나.

끄덕 끄덕

딩동댕. 여기서 문제 하나. 너, 공룡이 어떻게 해서 1억 6천만 년 동안 지구를 지배할 수 있었는지 알아?

혹시, 다리가 아래로 곧게 뻗어서?

눈치 하나는 빠르군. 다리가 옆구리에서 나온 파충류는 몸 전체를 비틀면서 달려야 하니까 에너지 소비가 많고 오래 달릴 수도 없어. 반면 다리가 아래로 곧게 뻗어 있으면 몸 전체를 움직이지 않고도 달릴 수 있지.

아이고, 힘들어.

어기적 어기적

쌩~

ㅋㅋㅋ

어우 이렇게 다니면 정말 힘들구나.

33

그렇지. 빠르면서도 오래 달릴 수 있다 보니 공룡이 파충류를 누를 수 있었던 거지. 그것 외에도 공룡이 지구의 주인이 된 이유는 몇 가지 더 있으니까 책을 잘 읽어 보라고.

나 책 읽는 거 싫은데 지금 그 이유를 알려 주면 안 돼?

긁적 긁적

됐고. 야, 저기 좀 봐. 공룡이 나타났어.

거짓말 마. 첫, 아는 거 많다고 그렇게 비싸게 구는 거 아냐.

거짓말 아니라니까. 저것 봐. 초식 공룡 파라사우롤로푸스야.

파라사우롤로푸스?!

에오 너 아니기만 해 봐.

우읽어어~

우우읽어어~

우아, 내가 진짜 공룡을 만났어.

대박!

찰칵!

찰칵!

출칵!

찰칵! 찰칵!

야, 통로가 닫힐 시간이야. 내일 학교 가려면 지금 빨리 가야 해.

하필 공룡을 만나자마자 문이 닫힐 게 뭐야?

야, 시간 없어! 빨리 뛰어!

후다닥

1억 6천만 년 동안 지구를 지배한 공룡

공룡은 트라이아스기 말기부터 백악기 말까지 약 1억 6천만 년 동안 지구를 지배했다. 이 시기 동안 초기 포유류는 공룡의 눈을 피해 밤낮으로 도망 다니기에 바빴다. 공룡은 어떻게 인류보다 800배나 더 오랜 시간 지구의 왕초로 살 수 있었을까?

공룡이 나타나기 전에는 악어의 조상인 프로테로수쿠스 같은 파충류가 대장 노릇을 하고 있었다. 그러다 트라이아스기가 되면서 지구가 사막처럼 뜨겁고 건조해지자 먹이는 줄어들고 파충류, 양서류가 살기 힘든 환경이 되었다.

이렇게 거대한 파충류와 양서류가 사라지자 공룡이 지구의 주인이 될 수 있었을 것이다. 그런데 공룡을 지구의 지배자로 만들어 준 원인이 또 하나 있는데, 그것은 바로 '직립보행'이다.

도마뱀처럼 네 발로 걷는 것과 두 발로 서서 걷는 것의 가장 큰 차이는 '숨쉬기'다. 빠르게 걸으면서도 숨 쉬기가 자유로워진 공룡은 더 빨리, 더 넓은 지역에서 먹이를 찾아다닐 수 있었다. 물론 사나운 적들을 피하기도 쉬워졌을 것이다.

쥐라기 되자 대륙이 조금씩 떨어져 나가면서 바다가 늘어났다. 기온은 따뜻해지고 습기도 많아져 지구는 식물로 뒤덮였다. 먹이가 많아지자 초식 공룡들은 몸집이 커지기 시작했고, 이들을 사냥하는 육식 공룡들도 덩달아 커졌다. 그러면서 공룡은 지구 역사상 가장 강력한 동물로 자리 잡았다.

거대한 몸집의 공룡 화석

두 발로 직립보행을 한 공룡

인간이 만물의 영장으로 진화할 수 있었던 이유 중의 하나는 '직립보행'을 할 수 있었다는 거야. 두 손이 자유로워지면서 도구를 이용할 수도 있게 되었으니까.

그런데 사람보다 먼저 직립보행을 한 동물이 있어. 바로 공룡이지. 몸 옆으로 난 다리로 기어 다닌 파충류와는 달리 공룡은 몸 아래로 곧게 뻗은 다리를 가지고 있어서 아주 오랜 기간 지구의 지배자로 살아갈 수 있었던 거야.

두 다리로
달리는인간

보통의 파충류처럼 몸 옆으로 나 있는 다리로 기어 다니면 에너지 소비도 많고 몸놀림을 빠르게 하기가 어려워. 또 수십 톤이나 나가는 몸무게를 지탱할 수도 없어 거대한 덩치로 진화할 수도 없었을 거야.

도마뱀을 보면 민첩하게 움직이다가 숨을 쉬기 위해 잠시 쉬는 것을 볼 수 있어. 재빠르게 움직이는 것과 숨 쉬는 것을 동시에 할 수 없기 때문이지.

하지만 공룡은 직립보행을 한 덕분에 숨을 쉬면서도 빠르게 달릴 수 있었어. 티라노사우루스 같은 대형 육식 공룡도 시속 수십 킬로미터로 달리면서 사냥을 할 수 있었지. 엄청난 몸무게도 튼튼한 다리로 지탱할 수 있었고 말이야.

이처럼 공룡은 처음 나타나면서부터 가진 '직립보행' 능력을 기반으로 다른 파충류는 상상할 수 없는 지배 집단으로 진화할 수 있었어.

공룡 뇌의 크기와 IQ

거대한 몸집을 가진 공룡의 뇌 크기와 지능은 어땠을까?

먼저 공룡 뇌의 크기는 어떻게 알아낼까? 뇌와 같이 연한 부분은 썩어 없어지기 때문에 화석으로 남아 있을 수가 없겠지? 그래서 뇌를 둘러싼 두개골 화석의 크기를 통해 뇌의 크기를 짐작해 볼 수 있어.

그런데 뇌가 크다고 반드시 지능이 높은 것은 아니야. 코끼리나 고래를 보면 뇌는 인간보다 2배 이상 크지만 인간보다 지능이 높지 않아. 뇌의 크기보다는 몸의 크기에서 뇌가 차지하는 비율이 높은 동물이 머리가 좋지.

지금까지 발견된 공룡 화석을 연구해 본 결과 공룡의 뇌는 현재의 파충류와 비슷했다고 해. 그러니까 지금의 악어와 비슷한 지능을 갖고 있었다고 볼 수 있지. 공룡 중에서도 사냥을 해서 생활하는 육식 공룡이 초식 공룡보다 지능이 약간 높았을 것으로 보고 있어.

몸무게가 45킬로그램 정도로 추정되는 트로오돈은 현재의 조류나 포유류와 비슷한 크기의 뇌를 갖고 있었던 것으로 알려져 있어. 몸집에 비해 비교적 뇌의 크기가 컸지. 그래서 공룡 중에서 가장 똑똑했을 것으로 추정돼.

반면 대표적 초식 공룡 중 하나인 스테고사우루스는 몸무게 7톤에 이르는 큰 몸집을 자랑하지만 뇌는 70그램에 불과해 몸집에 비해 뇌의 크기가 가장 작은 공룡이야.

스테고사우루스

지워진 공룡의 증거

병만이네 집 거실.

애가 도대체 어디 간 거지? 연락해 볼 곳은 다 연락해 봤는데.

끼이익~

너 이 녀석, 왜 거기서 나와? 여태 지하실에 있었던 거야?

엄마에게는 비밀로 해야겠어. 말해도 믿지 않으실 테니까.

네. 공룡 아니, 공룡 책을 읽다가 그만 거기서 잠이 들었어요.

이상하다. 내가 지하실에 갔을 땐 왜 없었지?

통로 아니, 책이 산더미처럼 쌓인 곳에서 책을 읽었거든요.

아무리 그래도 그렇지, 새벽까지 엄마 걱정하게 만들어?

찰싹 찰싹

아이고, 볼기짝에 불난다아. 책 읽다가 잠든 것이 무슨 잘못이에요?

나래초등학교 병만이네 교실.

어디 보자. 중상대에서 찍은 사진 잘 나왔나?

뭐, 멋진 거 찍었어? 좀 보자.

별거 없을 게 뻔하지만 기왕 찍었으면 한번 보여줘 봐.

내가 찍은 걸 보면 아마 기절할걸.
꼬옥…

그러니까 그게 뭔데? 먼지 봐야 기절을 하든가 말든가 하지.
뭐야? 아, 궁금해 죽겠네!

힌트 하나 주지. 지금은 멸종되고 없는 동물.

드디어 네가 정신이 나갔구나. 멸종된 동물은 지금 없다는 뜻인데 그걸 어떻게 찍어?

설마… 말도 안 되지만 공룡은 아니겠지?

빙고! 단비가 딱 맞혔어.

뭐, 공룡? 뻥치고 있네.

뻥이 아니라 진짜야. 내가 공룡을 직접 보고 찍었다니까.

아하~, 공룡 박물관 갔다 왔구나?

흥? 시시하게 박물관은 무슨 박물관? 난 살아 있는 공룡 아니면 절대 안 찍는다고?

거짓말인 거 금방 들통 날 텐데 왜 저러시나?

좋아. 내가 오늘은 특별히 뜸들이지 않고 곧바로 보여주지. 어떻게 나왔는지 나도 궁금하니까.

꿀꺽! 꿀꺽!

지지지직~! 지지지직~!

이게 뭐야? 아무것도 안 나오잖아. 내 이럴 줄 알았다니까. 뻥을 칠 게 따로 있지 살아 있는 공룡을 찍었다고 뻥을 치냐?

아참, 시공간 통로를 통과하면서 전부 변한다고 했지. 공룡 똥도 그래서 두고 왔으면서 사진이 온전하리라 생각하다니.

뭐? 똥? 에이 더러워? 난 내 자리로 갈란다.

어제 조반목 공룡, 파라사우롤로푸스를 만났는데, 단비 넌 믿지?

당연히 안 믿지. 근데 너 어려운 말 쓴다. 조반목은 무슨 뜻이야?

공룡은 용반목과 조반목으로 나뉘는데 조반은 새엉덩이뼈라는 뜻이고 용반은 도마뱀엉덩이뼈라는 뜻이야.

뭐? 크크, 새엉덩이뼈? 너 어제 지하실에서 잤다더니 거기서 밤새 공룡 뼈 연구했나 보구나?

공룡의 종류는 얼마나 될까?

수많은 공룡을 나누는 가장 큰 기준은 뭘까? 바로 엉덩이뼈란다. 엉덩이뼈가 도마뱀과 비슷한 종류는 용반목 공룡이라 하고, 새의 엉덩이뼈를 닮은 공룡들은 조반목 공룡이라고 부른다. 이를 쉽게 풀면 도마뱀엉덩이공룡과 새엉덩이공룡이다.

도마뱀엉덩이공룡들은 앞니와 어금니가 비슷하게 생겼는데, 육식 공룡들이 많은 만큼 사냥하거나, 고기를 먹기 좋게 날카로운 이빨을 가지고 있었다. 이 종류는 크게 용각류와 수각류로 나뉜다. 용각류는 네 발로 걸어 다녔는데, 목과 꼬리가 긴 거대한 초식 공룡들이 여기에 속한다. 디플로도쿠스, 브라키오사우루스, 마소스폰딜루스 같은 공룡들이다. 주로 다른 공룡들을 사냥해서 먹고 사는 수각류는 두 발로 걸어 다녔고, 강인한 턱과 날카로운 이빨, 예리한 발톱이 달린 앞발을 지니고 있었다. 티라노사우루스, 알로사우루스, 케라토사우루스 같은 최상위 포식자들과 콤프소그나투스, 벨로키랍토르와 같은 소형 포식자들이 대표적 수각류 공룡들이다.

새엉덩이공룡들은 그리 무섭게 생기지 않았고 이빨도 식물을 잘 갈아 먹을 수 있게 넓적했다. 보통 5가지 종류로 나뉘는데, 새발 모양의 발을

디플로도쿠스 화석

가진 조각류의 대표적인 공룡은 이구아노돈이고, 등에 뿔이 있는 검룡류 중 유명한 녀석은 스테고사우루스, 머리에 뿔과 장식이 있는 각룡류에서는 트리케라톱스가 잘 알려져 있다. 그리고 갑옷을 입은 듯한 곡룡류 중에서는 안킬로사우루스가 대표선수야. 여기에 머리가 단단해서 박치기왕이라 불리는 파키케팔로사우루스 무리들을 견두류 공룡이라고 해.

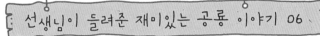
공룡의 이름을 지어 볼까!

공룡의 이름은 참 많기도 하고 어렵기도 하지? 대부분 외국말로 되어 있고, 긴 이름도 많으니까 말이야. 이렇게 어려운 공룡의 이름은 어떻게 짓는 걸까?

공룡의 이름을 짓는 데 특정한 원칙은 없어. 공룡 화석을 발견하고 연구한 사람이 자기 마음대로 짓지. 그렇다고 아무렇게나 짓는 것은 아니고 보통 발견된 지역의 이름을 따거나 발견한 사람의 이름, 공룡의 생김새나 습성을 추정해서 이름을 붙여. 또 특별히 발견자가 의미를 부여한 어떤 명칭 등이 공룡의 이름으로 붙여지기도 해.

'친타오사우루스' 같은 경우는 화석이 발견된 곳인 중국 칭다오 지역에서 유래되었고, '헤레라사우루스'는 화석을 발견한 농부의 이름인 헤레라에서 가져왔지. 그리스 신 아틀라스의 이름을 빌린 '아틀란토사우루스', 새끼들을 잘 보살폈을 것으로 추정하여 '착한 어미 도마뱀'이란 뜻의 이름을 붙인 '마이아사우라' 등처럼 말이야.

친타오사우루스 화석

이처럼 공룡의 이름은 다양한 방식으로 만들어지고 있어. 우리나라에서도 공룡 연구가 더욱 활발히 이루어진다면 은정사우루스나, 순신사우루스, 아니면 아이돌

그룹의 이름을 딴 비스트사우루스 같은 공룡도 나오지 않을까?

공룡의 분류표

공룡

용반목
(Saurischia)

- **용각류** — 거대한 몸집이 특징
  디플로도쿠스, 브라키오사우루스,
  카마라사우루스, 마멘키사우루스

- **수각류** — 대형 육식 공룡
  티라노사우루스, 알로사우루스, 코엘로피시스,
  콤프소그나투스

조반목
(Ornithischia)

- **조각류** — 새발 모양의 발을 가진 초식 공룡
  이구아노돈, 마이아사우라, 하드로사우루스,
  파브로사우루스, 헤테로돈토사우루스, 힙실로포돈

- **각룡류** — 머리에 뿔과 부채 장식이 있는 공룡
  트리케라톱스, 프로토케라톱스, 프시타고사우루스,
  렙토케라톱스

- **검룡류** — 등에 뿔(골판)이 있는 공룡
  스테고사우루스, 휴양고사우루스, 투오지앙고사우루스,
  다센트루루스, 렉소비사우루스,
  켄트로사우루스

- **견두류** — 머리뼈가 두껍고 단단한 공룡
  파키케팔로사우루스, 스테고케라스, 호말로케팔레,
  프레노케팔레

- **곡룡류** — 갑옷처럼 단단한 피부에 싸인 공룡
  안킬로사우루스, 노도사우루스, 힐라에오사우루스,
  사이카니아

단비와 함께 중생대로

내가 엄마에게 지하실에서 잤다고 둘러댄 걸 어떻게 알았어?

너희 엄마가 너 찾으러 우리집에도 전화하셨어. 나중에 다시 전화하셔서 알고 보니 지하실에서 자고 있었다고 그러시더라.

근데 둘러댔다니 너 혹시 공룡을 보고 왔다는 그 얘길 또 하려고 그러니?

어우 답답해. 다른 사람은 몰라도 단비 너만은 날 믿어줄 줄 알았는데.

쿵쿵

음… 나도 널 믿고 싶지. 하지만 공룡을 봤다는 증거가 없잖아.

증거라면 내가 찍은 사진뿐인데 통로를 지나면서 다 망가져 버렸다니까.

통로? 통로가 뭐야?

너 그럼 통로는 믿는 거니?

믿긴 뭘 믿어? 통로가 뭔지 물은 것뿐인데.

44

통로를 묻는다는 건
통로에 관심이 있다는 거고
관심이 있다는 건 조금이라도
믿는다는 거잖아.

자꾸 날 너와 한 통속으로
몰아가려 하지 말고 통로가
먼지나 빨리 말해.

알았어. 통로는 말이지 하루에
두 번 열리는 타임머신이랄까.
에이, 말로는 설명 못하겠다.

말로 하기보다는 직접
보여 줄게. 얼른 가자.

덥썩!

됐어. 이제 곧 수업 시작할 텐데.

팔은 놓고 말해.

오케이! 8 지금 나랑 같이
가기로 약속한 거 맞지?

그런 얘기가 아니잖아.

아니긴 뭐가 아니야.
수업 듣고 가자고 지금
네 입으로 말했잖아.

후유,
알았다 알았어.
선생님 오시니까
자리에 앉기나 해.

히히,
그럼
약속 8

병만이네 집 지하실

아, 지루해. 그 통로인지 먼지
도대체 언제 열려? 통로가
있기나 한 거야?

당근 있지. 어제는 지금
시간보다 약 50분 전에
열렸으니까 이제 곧 열릴
시간이야. 하루 두 번,
밀물 시간에
맞춰
열리거든.

45

각 대륙에는 어떤 공룡들이 살았을까?

지금까지 가장 많은 공룡 화석이 발견된 곳은 북아메리카다. 그래서 북아메리카는 공룡학자들에게 노다지 같은 곳이다. 이 지역에는 다양한 공룡들이 살고 있었는데, 그 중에는 머리에 볏을 가진 하드로사우루스류와 뿔을 가진 각룡류, 머리뼈가 단단한 견두룡류 등 모습이 좀 기묘한 공룡들도 있다. 그렇지만 북아메리카를 대표하는 공룡은 역시 티라노사우루스다.

유럽에서 가장 쉽게 볼 수 있는 공룡 화석은 목이 긴 초식 공룡 플라테오사우루스지만 가장 의미 있고 많이 연구된 화석은 이구아노돈이다. 가장 일찍 발견된 공룡 중 하나로 화석이 거의 온전한 모습으로 많이 발견되었기 때문이다.

아시아는 거의 모든 유형의 공룡들이 살고 있었는데, 대부분 중국과 몽골에서 발견되었다. 특히 중국의 랴오닝 성에서 발견된 깃털 공룡은 공룡 연구에 커다란 변화를 가져왔다.

가장 거대한 공룡, 아르헨티노사우루스의 고향인 남아메리카는 에오랍토르와 헤레라사우루스의 화석을 발견한 곳이다. 이 화석은 가장 오래된 공룡 화석이기도 하다.

화석 발견은 늦었지만 새로운 공룡이 계속 발견되는 아프리카에서는 1995년 사하라 사막에서 카르카로돈토사우루스의 화석이 발견되어 티라노사우루스보다 더 큰 육식 공룡이 있었음을 알게 되었다.

호주는 대부분 초식 공룡들이 살았었고, 그 중 티미무스는 겨울잠을 잤을 것이라는 주장도 있다. 티미무스의 뼈에서 나무의 나이테와 같은 흔적을 발견했기 때문이다.

이구아노돈 화석

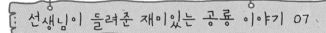
남극 대륙에도 공룡이 살았을까?

　다른 대륙과 달리 남극 대륙에서는 공룡 화석이 별로 발견되지 않았어. 왜 그랬을까? 우리가 아는 것처럼 남극은 정말 추워. 남극 대륙의 평균 기온은 영하 55도에 이를 정도니까. 또 일부 드러나 있는 중생대 지층을 제외하고는 대부분의 지층이 2.5킬로미터 이상 두꺼운 얼음 밑에 있기 때문에 화석을 발견하기란 정말 어렵겠지? 그리고 중생대의 날씨가 현재보다 따뜻하다고 해도 남극의 겨울은 많이 추웠어. 아마도 철새들처럼 여름에는 남극 주변에서 살다가 겨울이 되면 따뜻한 곳으로 이동을 했을 거야.

　남극 대륙에서는 1980년대 후반에 공룡 화석이 발견되었어. 안킬로사우루스 무리의 공룡과 힙실로포돈 무리의 공룡, 하드로사우루스 무리의 공룡이 남아메리카 대륙과 가까운 남극 대륙 북서부의 섬에서 발견되었지. 1991년에는 육식 공룡인 크리욜로포사우루스가 발견되었어. 최근에는 티타노사우루스 무리로 보이는 대형 초식 공룡의 화석도 발견되었어. 육식 공룡

남극 대륙

인 크리욜로포사우루스와 대형 초식 공룡들이 있었다면 남극 대륙도 다른 대륙과 마찬가지로 다양한 공룡들이 살고 있었다고 볼 수 있겠지?

지질 시대별 대륙의 모양은 어땠을까?

지구가 생겨난 초기에는 무수히 많은 소행성들이 지구에 충돌해서 지구는 온도가 매우 높았고 표면은 거의 녹아 있는 상태였어. 그러다 소행성 충돌이 점차 사라지고 안정되면서 지표면부터 식어 가 처음으로 지각이 형성되었지. 지각이 형성된 이후 여러 차례 지각 변동을 거쳐 고생대 말기에 모든 대륙이 하나로 붙어 있게 되었어. 이것을 초대륙(판게아)이라고 해.

하나로 붙어 있던 지구의 대륙은 공룡이 나타난 시기인 트라이아스기 후기부터 천천히 갈라져 아프리카와 북아메리카, 유럽의 일부분이 분리되기 시작했어. 북대서양이 생긴 것도 이 시기야.

공룡이 지구의 지배자로 확고히 자리 잡은 쥐라기에는 남아메리카, 아프리카, 인도, 호주, 남극 대륙이 붙어 있는 곤드와나 대륙과 북아메리카, 유럽, 아시아로 이루어진 로라시아 대륙으로 나뉘었지.

바닷물이 점점 높아지는 가운데 백악기 초기가 되자 각 대륙 간의 간격이 벌어졌고, 백악기 말에 이르면 대륙과 바다가 현재와 비슷한 윤곽을 갖추게 돼.

호주와 남극 대륙이 갈라지고 인도가 유라시아 대륙과 충돌하면서 그때까지 북반구와 남반구를 갈라놓았던 테티스 해가 사라지는 신생대가 되면, 지구는 드디어 지금과 같은 모습이 되지.

지구는 오늘도 조금씩조금씩 이동을 하고 있어. 몇 억 년이 지나면 지구는 또 하나의 대륙으로 뭉쳐 있을지도 몰라.

박치기 공룡의 승부

에이~ 내가 먼저 말하려고 했는데.

누가 말하면 어때. 우린 친군데.

근데 이 예쁜 여자 애는 누구니?

슬금슬금

야, 너 어딜 만져?

화들짝

아참 인사해. 얘는 에오. 그리고 얘는 같은 반 친구 단비.

안녕, 친구야. 난 에오라고 해.

찡끗! 윙크

내가 왜 네 친구니?

하는 짓마다 느끼해

내 친구의 친구니까 내 친구지.

흥! 난 네 친구 되기 싫어!

그럼 이렇게 하자. 내기해서 내가 이기면 우리 친구하는 걸로.

내기라면 자신 있지. 좋아, 콜~.

저기서 싸우고 있는 두 마리 파키케팔로사우루스 중 누가 이길까? 넌 누구한테 걸래?

음, 나는 머리에 클로버 무늬가 있는 녀석에 걸래.

그럼 난 자동으로 머리에 하트 무늬 있는 녀석이네.

클로버 이겨라! 클로버 이겨라!

클로버 이겨라! 하트 이겨라!

하트 이겨라! 하트 이겨라!

클로버 이겨라!

하트 이겨라!

하트 이겨라!

잠깐만 넌 도대체 누구 편이야? 지금 둘 다 응원하고 있잖아?

그 그게, 너희 둘 다 친구라서.

이곳엔 얼씬도 하지 마.

졌다. 도망가자.

어어, 쟤 지금 뭐 하는 거야. 하트, 도망치면 어떡해?

후다닥

52

식물을 먹고 사는 공룡, 초식 공룡

우리가 타임머신을 타고 공룡 시대로 돌아간다면 제일 먼저 보이는 공룡은 아르헨티노사우루스나 세이스모사우루스, 또는 수페르사우루스 같은 거대한 초식 공룡들이 아닐까? 아니면 무리 지어 다니는 작은 초식 공룡들일지도 모른다. 티라노사우루스는 아마 보기 힘들었을 것이다. 왜냐하면 육식 공룡에 비해 초식 공룡들이 훨씬 더 많이 살고 있었기 때문이다. 사냥감보다 사냥꾼이 더 많으면 곤란하니까.

공룡을 특징별로 나눠 보자면 용각류, 수각류, 조각류, 검룡류 등 여러 종류로 구분할 수 있는데 그 중 수각류를 제외한 모든 공룡이 식물을 먹이로 삼는 초식 공룡이다. 공룡 시대에는 날씨가 따뜻하고 습도도 높아서 식물들이 아주 많았다. 그래서 먹을거리를 걱정하는 초식 공룡은 거의 없었다고 한다.

하지만 거친 식물들을 소화시키기 위해서는 잘게 갈거나 씹기에 좋은 이빨이 필요했다. 그렇지 못한 공룡들은 위에서 먹은 식물들을 잘게 갈아 줄 '위석'을 삼켜 소화에 도움이 되게 했다.

대부분의 초식 공룡은 육식 공룡의 공격으로부터 방어하기 위해서 무리를 지어 살았다. 또 피부를 딱딱하게 한다거나, 꼬리뼈를 단단하게 함으로써 무자비한 공격자로부터 자신과 가족을 지키기도 하였다.

아까 말한 거대한 초식 공룡들과 더불어 트리케라톱스, 이구아노돈, 스테고사우루스, 파키케팔로사우루스 같은 공룡들이 대표적인 초식 공룡들이다.

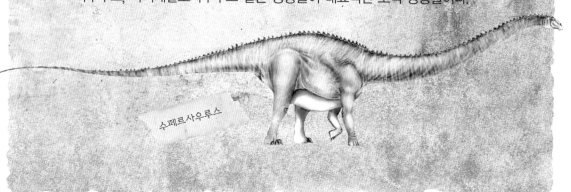

수페르사우루스

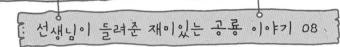

공룡은 하루에 얼마를 먹었을까?

코끼리와 쥐가 먹는 양은 다를 수밖에 없겠지? 몸의 크기가 다른 만큼 살아가는 데 필요한 에너지의 양도 다를 테니까 말이야. 공룡의 식사량도 공룡이 필요한 에너지에 따라 달랐을 것이라고 학자들은 생각하고 있지.

코끼리는 이동할 때를 제외하면 항상 먹고 있는 것을 볼 수 있어. 그러면 그보다 열 배가 넘는 공룡들은 말할 것도 없겠지. 30미터 이상이 되는 세

세이스모사우루스
화석

이스모사우루스 같은 공룡들은 아마도 하루 종일 먹고 있었을 거야. 육식 공룡처럼 크지도 않은 입으로 500킬로그램을 먹는다고 생각해봐. 친구들과 수다 떨거나 놀러 다닐 시간도 없었을 거야.

그런데 공룡 몸집의 크기 말고도 식사량을 결정하는 중요한 요인이 있대. 아직까지 명확하게 밝혀지지 않았지만 공룡이 항온 동물인지 변온 동물인지에 따라서 필요한 에너지가 다르다는 이야기야. 항상 같은 온도를 유지하려고 에너지를 쓰는 항온 동물보다 그럴 필요가 없는 변온 동물이 적게 먹어도 된다는 거지.

만약 공룡이 변온 동물이라면 세이스모사우루스의 하루 식사량은 100킬로그램으로 줄어도 활동하는 데 아무 지장이 없었을 거야.

소화를 돕는 돌, 위석

  공룡 화석이란 공룡의 뼈만이 아니라 알, 발자국, 똥 등 공룡의 모습이나 생태에 대해서 알 수 있는 흔적을 말하는데, 그 중에는 '위석'도 있어. 앞에서 초식 공룡의 소화를 도와준다고 했었지? 초식 공룡들은 몸집을 유지하기 위해서 많이 먹어야 하고, 다른 한편으로는 육식 공룡의 공격에도 대비해야 하니까 천천히 먹이를 씹고 소화시킬 여유가 없었을 거야. 그래서 돌들을 삼켜 위에서 서로 부딪히며 먹은 나뭇잎을 잘게 부수는 역할을 하게 한 것이지. 그것을 바로 '위석'이라고 하는 거야. 요즘의 동물 중에는 타조에게서도 주먹만 한 위석이 발견된다고 해.

  그런데 위석이나 그냥 돌멩이나 다 같은 돌인데, 어떻게 공룡의 위석인지 알 수 있을까? 그것을 구분하는 것은 어렵지 않아. 우선 위석은 공룡의 흔적이니까 공룡 화석과 같이 발견되어야 하겠지? 당연하지? 그리고 모난 데 없이 반짝일 정도로 잘 닳아 있어야 해. 오랜 시간 위석끼리 부딪히며 나뭇잎을 갈아 대서 맨질맨질해졌을 테니 말이야. 마지막으로 위석이 발견된 지역의 지질이 위석과 달라야 그 곳에서 발견된 위석이 위석으로 인정받을 수 있는 거야. 거대한 몸집에 돌들까지 몸속에 넣고 다니려면 초식 공룡들은 참 힘들었겠다. 그치?

플레시오사우루스의
위석

알로사우루스의 이빨

하하하, 에오 말이 정답이네.

참나, 내가 뭘 그렇게 잘못했다고.

그런데 육식 공룡의 눈에는 우리도 초식 공룡 같은 먹잇감으로 보이겠지?

무서워.

에오처럼 작은 동물이야 그렇겠지만, 우린 그래도 인간인데.

어차피 너나 나나 육식 공룡에겐 한입거리밖에 안 돼. 몸길이가 고속버스만 한 육식 공룡 눈에 너가 얼마나 커 보일 것 같아?

넌 너무 비관적이야. 육식 공룡이 나타난 것도 아닌데 호들갑은. 근데 이거 뭐냐? 이빨 같은데.

어디 어디. 우아, 이거 엄청 큰데.

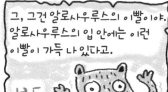

그, 그건 알로사우루스의 이빨이야. 알로사우루스의 입 안에는 이런 이빨이 가득 나 있다고.

부들 부들

암만 그래도 빠진 이빨일 뿐인데 그렇게 떨 것까지야 있죠 않아?

모르는 소리 마. 빠진 이가 있다는 건 이의 주인이 근처에 살고 있다는 뜻이라고.

정말?

헉, 알로사우루스가 나타났다!

먹이를 사냥하는 사냥꾼 공룡

병만이의 공룡일기

공룡이 처음 나타난 트라이아스기 후기만 해도 육식 공룡들은 몸집이 그렇게 크지 않았다. 3미터 정도 크기의 코엘로피시스 같은 공룡들이 가장 큰 육식 공룡에 속했다. 오히려 파충류인 포스토수쿠스가 공룡들을 사냥하면서 살았을 것이다. 몸길이가 5미터나 되고 강력한 턱과 날카로운 이빨을 가지고 있었으니까.

쥐라기가 되어서야 육식 공룡들의 몸집이 커지면서 지구의 지배자로 등장하기 시작했다. 쥐라기의 왕자라고 하면 뭐니 뭐니 해도 알로사우루스다. 몸길이가 12미터에 이르렀지만 몸무게가 비교적 가벼워 날쌔게 움직이면서 사냥을 했으니 말이다. 10센티미터나 되는 톱니 같은 이빨에 물린 사냥감은 빠져나오기 힘들었을 것이다.

모든 육식 공룡 중 가장 큰 공룡은 백악기에 살았던 기가노토사우루스다. 12미터가 넘는 몸집이지만 시속 50킬로미터로 달릴 수 있는

알로사우루스

민첩함을 갖춘 녀석으로, 티라노사우루스 이전의 최강자였다.

이밖에도 아시아의 티라노사우루스인 타르보사우루스, 벨로키랍토르, 콤프소그나투스 등이 대표적인 육식 공룡들이다.

소형 육식 공룡은 곤충이나 도마뱀, 작은 포유류를 잡아먹거나 거대한 육식 공룡이 남긴 먹이를 먹기도 했다. 힘이 센 공룡들은 주로 혼자서 사냥하며 살았지만 거대한 초식 공룡을 사냥할 때면 가족들이 힘을 모아 공격하기도 하고, 때로는 동물의 시체도 마다하지 않았다.

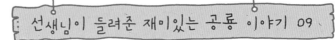
무엇을 먹었는지 알게 해 주는 공룡의 이빨

이빨은 공룡의 먹이 습성을 알게 해 주는 중요한 화석이야.

나뭇잎을 갈퀴처럼 뜯어내 삼켰던 초식 공룡 아파토사우루스는 쐐기처럼 생긴 긴 이빨을 가지고 있었고, 공룡 중 가장 많은 이빨을 가지고 있었던 에드몬토사우루스는 1,000개가 넘는 납작한 이빨로 먹이를 잘게 갈아 먹었을 거야.

이빨이 없는 공룡도 있었어. 백악기 후기에 살았던 수각류 오르니토미무스는 벌레나 씨앗을 먹고 살았지. 입이 새의 부리처럼 생겨 초식 공룡이라는 주장도 있어.

이에 비해 육식 공룡들의 이빨은 대체로 동물을 물어 죽이거나 살점을 뜯어내기 쉽게 날카로운데, 알로사우루스는 톱니형으로 된 짧은 이빨을 가지고 있었지.

육식 공룡의 이빨

여기서 문제 하나! 공룡의 이빨과 사람(포유류)의 이의 차이점은 무엇일까? 답은 공룡의 이빨은 무한정 새로 나고, 사람의 이는 한 번만 새로 난다는 점. 사람은 젖니가 빠지고 영구치가 나면 더 이상 새로운 이가 나오지 않지만 공룡 이빨은 빠지면 언제든 새로 나온다는 말씀. 사람도 계속 이가 나올 수 있다면 초콜릿도 맘껏 먹고, 가끔은 이를 안 닦고 자도 될 텐데, 참 아쉽지?

가장 빨리 달리는 공룡은?

공룡 육상대회가 열리면 어느 공룡이 가장 빠를까? 아무래도 초식 공룡보다 육식 공룡이 좀 빠르겠지? 그런데 공룡들의 달리기 속도는 어떻게 알 수 있었을까? 알렉산더 박사는 1976년에 공룡의 속도를 측정할 수 있는 수학 공식을 만들어 냈어. 공룡의 보폭과 다리 길이, 중력 등을 변수로 넣어 만들었는데, 지금까지 자주 사용되는 계산식이야.

그럼 이제부터 공룡의 속도를 알아볼까? 먼저 초식 공룡부터 알아보면, 덩치가 거대한 용각류 아르헨티노사우루스는 1시간에 20킬로미터 정도고, 스테고사우루스 같은 검룡류는 8킬로미터, 새발 모양의 조각류 공룡 이구아노돈은 20킬로미터, 머리에 뿔이 있는 트리케라톱스는 25킬로미터 정도의 속도로 달릴 수 있어.

이보다 좀 빠를 것 같은 육식 공룡들은 어떨까? 티라노사우루스는 몸집이 워낙 커서인지 20킬로미터 정도로밖에 못 달리고, 소형 공룡인 벨로키랍토르는 40킬로미터, 가장 빠른 공룡은 타조를 닮은 공룡인 오르니토미무스로 시속 60킬로미터 정도라니까 금메달의 영광은 오르니토미무스에게 돌아가겠지.

오르니토미무스

티라노사우루스의 울음소리

너 저거 몰라? 네 머리핀이잖아.

뭐 내 머리핀? 저렇게 큰 게?

여기선 주머니 속에 있던 물건을 밖에 내놓으면 저렇게 커져. 통로를 지나오면서 어떤 알 수 없는 힘이 작용하나 봐.

지난번에 내가 그린 공룡 그림을 꺼내니까 조그마한 도화지가 순식간에 커져서 커다란 브로마이드가 되더니 티라노사우루스가 그림 속에서 튀어나오려 하더라고.

어~, 정말?

그런데 너 요즘 너무 튄다. 티라노사우루스가 그림 속에서 튀어나오려 했다니 네가 무슨 공룡이냐?

그게 아니고 도화지에 그린 티라노사우루스가 갑자기 엄청 커져서 놀랐다는 얘기지.

그림이 실물만큼 커지니까 제 그림이 대단한 것처럼 느껴져서 자꾸 허풍을 떠는 거지, 뭐.

어오 넌 인간들 얘기 할 땐 좀 빠지셔. 공룡 똥에 수박씨 끼듯 아무 데나 끼지 말고.

푸하하. 공룡 똥에 수박씨라니. 더럽긴 하지만 말은 맞네. 중생대엔 수박이 없었으니까.

크크크, 그렇지? 아주 적절한 여지?

시끄럽고? 조용히 해 봐. 수각류 공룡의 발자국 소리 같은 게 들려.

수각류 공룡? 맞받아칠 말이 없으니까 딴소리 하는 것 좀 봐요. 그런다고 누가 속을 줄 알고, 메롱.

으악, 진짜 티라노사우루스다!

쿠웅! 쿠웅! 쿠웅!

다시 머리핀 뒤로숨자↘

병만아, 빨리 와.

저 녀석 공룡에 넋이 빠졌어

뭐 하는 거야? 지금 공룡 구경할 때야?

티렉스는 내가 제일 좋아하는 공룡이라 그만.

야, 조용히 해

캬흐흐흐흥~ 캬흐흐흐흥~

······

티라노사우루스는 몸길이는 12미터, 입 크기만 해도 1미터가 넘는다고. 어떤 놈은 무서워서 오줌까지 질질 싼다니까.

그게 혹시 너 아니니?

공룡 시대의 마지막 황제, 티렉스

공룡이라고 하면 티라노사우루스가 제일 먼저 떠오른다. 티라노사우루스의 정식 이름은 티라노사우루스 렉스다. 티라노사우루스는 폭군 도마뱀이라는 뜻이고, 렉스는 왕을 의미하는 라틴어인데, 줄여서 '티렉스'라고도 부른다. 티라노사우루스는 수각류의 대표적 공룡이고, 알려진 것처럼 주로 북아메리카에 살았던 최강의 육식 공룡이다. 몸길이가 13미터에 몸무게는 6톤이나 되는 거대한 몸집을 자랑한다. 백악기 후기에 티라노사우루스가 나타나면 모든 공룡들은 도망가거나 공포에 떨었을 것이다.

티라노사우루스는 육중한 몸집과 1.5미터가 넘는 초대형 머리에 벌리면 1미터나 되는 큰 입을 가지고 있었는데, 특히 30센티미터가 넘는 거대한 이빨은 사냥감을 뼈째 부서뜨릴 수 있는 엄청난 힘이 있었다. 또 두 눈은 앞을 향해 있어 사냥감과의 거리를 측정하기에 좋은 입체적 시력을 갖추었다. 여기에 지금의 개보다 발달한 후각은 먹이를 찾는 데 큰 도움이 됐을 것이다.

티라노사우루스의 짧은 팔은 그다지 쓰임새가 없었을 것으로 생각되는데, 긴 꼬리는 몸의 균형을 잡아 주기도 하고, 사냥을 할 때 채찍처럼 사용하기도 했을 것으로 보고 있다.

이처럼 타고난 강인함으로 넓은 지역을 자기의 영토로 삼아 군림해 오던 티라노사우루스도 6천500만 년 전 지구를 덮친 대멸종을 피해갈 수는 없었다. 다른 수많은 공룡들과 함께 티라노사우루스도 지구상의 마지막 공룡이 되어 사라지고 말았으니까.

티라노사우루스

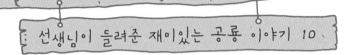
티라노사우루스는 뛰어난 사냥꾼!

1990년대에는 티라노사우루스가 사냥을 하지 못하고 죽은 시체를 먹는 공룡이라고 주장하는 학자들도 있었어. 그 짧고 약한 앞다리로는 먹이를 제압할 수 없었고, 동물 시체를 먹기 위해 후각이 발달했을 것이라는 거지. 그러나 사냥하는 동물들은 대부분 후각이 발달해 있었고, 만약 티라노사우루스가 시체 청소부였다면 엄청나게 크고 단단한 목은 무엇 때문에 가지게 되었을까?

또 시속 18~20킬로미터로 추정하는 티라노사우루스의 달리기 속도로는 다른 공룡들을 사냥하기 쉽지 않았을 것이라는 연구도 있었지. 하지만 사냥을 하기 위해서는 사냥감의 속도보다 빠르면 되는데, 중대형 초식 공룡의 대부분은 티라노사우루스보다 빠르지 않았을 거라고 학자들은 생각하고 있어. 따라서 사냥을 할 수 없었다는 주장은 설득력이 없어. 물론 다른 공룡이 사냥한 먹이를 뺏어 먹기도 하고, 죽은 공룡이 있었다면 감사히 먹었겠지.

티라노사우루스의 화석은 여러 마리가 함께 발견되는 경우가 많았어. 이로 미루어 보면 무리를 지어 살았을 것으로 생각할 수 있지. 15살 정도 된 티라노사우루스는 몸무게가 1.5톤, 몸길이는 5미터쯤 되었을 거야. 이 정도의 몸집이라면 굉장히 민첩하게 움직이면서 부모의 사냥을 도와주거나 웬만한 공룡들은 혼자서도 충분히 잡아먹을 수 있었겠지?

청소부이자 뛰어난
사냥꾼인 하이에나

티라노사우루스와 새들은 친척 관계!

그동안 많은 학자들이 육식 공룡인 수각류 중 일부가 새들의 조상이라고 생각해 왔어. 그것은 새와 공룡의 골격이 겉으로 보기에 비슷하다는 점에서 시작된 의문이었지.

티라노사우루스의 가장 가까운 친척은 조류의 기원이 된 초기 수각류였던 것으로 밝혀졌는데, 2004년 중국에서 발견된 깃털 공룡인 딜롱이 티라노사우루스의 먼 조상이라고 확인되면서 티라노사우루스도 새끼였을 때에는 깃털이 있었을 거라고 생각하게 되었지.

2007년 미국의 과학 잡지 〈사이언스〉에는 유전적인 측면에서 티라노사우루스가 닭의 '혈족'에 해당한다는 하버드대 연구진의 주장이 발표되었어. 티라노사우루스의 넓적다리뼈에서 추출한 단백질 DNA를 분석한 결과 티라노사우루스가 악어 같은 파충류, 두꺼비 같은 양서류보다 조류와 더 가까운 관계라는 것이지.

이것으로 공룡과 새들의 관계가 명확하게 밝혀진 것은 아니지만 새들과 공룡이 유전적으로 연결되어 있다는 것은 분명하다고 볼 수 있지.

딜롱 화석

꼬리를 조심하래!

티라노사우루스 갔다. 에오 너 오줌 안 쌌어8

내가 좀 떨었다고 오줌싸개로 몰다니8 좋아 내가 이 담에 티라노사우루스가 사는 곳으로 직접 데려가 주지.

너 허풍도 자꾸 치면 병 된다. 무서우면 무섭다고 하면 돼. 이히히.

그래. 그만하면 됐어. 얼마나 무서웠으면 오줌까지 쌌겠니. 누나가 다 이해해.

쓰담쓰담

아오~ 애들이 나를 안 믿네. 만일 내가 진짜 데려가면 어떻게 할 건데8

그땐 널 형님이라고 불러 주지.

좋아, 약속한 거다, 형님이라고 하기로. 그럼 단비 넌8

무슨 그런 걸 가지고 내기를 해. 난 티라노사우루스 가까이 가기 싫은데8 너무 무섭잖아.

단비가 그렇다면 할 수 없지. 가지 말아야겠다.

자식 잔머리는. 가지 않는 게 아니라 못 가는 거겠지.

후유, 답답해. 진짜 가는지 못 가는지 나중에 두고 보라고.

됐어, 그만해. 나도 티라노 보고 싶지 않으니까.

티라노가 멀리 간 것 같은데 이제 공룡 탐험을 다녀 볼까?

5킬로미터 밖에서 소리가 나니까 안심하고 다녀도 되겠어. 저 숲길로 가자.

숲길을 단비와 산책하는 이 기분, 아, 꿈만 같다.

뭐야? 나랑 둘이 걸을 땐 그런 말 안 했잖아?

단비는 예쁘지만 넌 주근깨 투성이에 못생겼잖아.

네 얼굴이 바로 이렇게 생겼다고.

찍찍찍 쥐처럼 생긴 너는 못생기지 않았고?

찍찍찍

찍찍찍

니들 왜 아까부터 투닥거리면서 싸우고 그래? 사이좋게 지내야지.

흥? 누가 못생겼는지 모르겠네.

흥? 인류의 조상님더러 찍찍찍 쥐라고?

그만 하고 저 소리 좀 들어 봐. 바람을 가르는 소리 같아.

단비, 폼 멋었다!

어, 진짜 누가 채찍을 휘두르는 모양인데?

아~, 저건 용각류 공룡인 디플로도쿠스가 꼬리를 흔드는 소리일 거야.

69

저 다리통 좀 봐. 전봇대 같아.

휘이잉~

으으~, 귀 아파.

잘못하면 고막이 터질지도 몰라. 디플로도쿠스의 꼬리를 휘두르는 소리는 사람이 내는 채찍 소리의 2천 배나 되거든.

꼬리를 힘차게 휘두르려면 힘들 텐데 왜 저러는 거야?

큰 소리를 내서 포식자들을 가까이 오지 못하게 하려는 거야.

덩치 역시 어마어마해서 제아무리 사나운 육식 공룡이라도 접근하기 힘들 것 같아.

꼬리로 말하는 디플로도쿠스

디플로도쿠스는 아주 긴 목과 꼬리를 가진 공룡이다. 그래서 처음엔 이 긴 목이 높은 나무에 달려 있는 나뭇잎을 따먹는 데 쓰였을 거라고 생각했다고 한다. 그런데 디플로도쿠스의 목이 머리를 높이 쳐들고 이리저리 움직이며 나뭇잎을 따먹을 정도로 유연하지 않다는 연구 결과가 나왔다. 따라서 디플로도쿠스는 목을 아래로 늘어뜨리고 낮은 곳에 있는 식물을 주로 먹었을 것으로 보고 있다.

용각류의 대표적 공룡인 디플로도쿠스의 이름에는 '두 개의 기둥을 가진 파충류'라는 뜻이 담겨 있다. 쥐라기 후기에 북아메리카에서 무리 지어 살았던 디플로도쿠스는 몸길이가 최소한 28미터가 넘지만 목뼈나 등뼈의 일부가 비어 있어 몸무게는 15톤 정도로 그다지 무겁지 않는 편에 속한다. 그리고 턱과 이빨은 식물을 씹어 먹기 힘든 구조로 되어 있어서 소화 작용을 돕기 위해 위석을 잔뜩 삼켰다.

디플로도쿠스의 등은 높이가 10센티미터 정도 되는 납작한 비늘들로 덮여 있었는데, 뼈로 된 것은 아니고 딱딱한 피부 조직이었다. 등을 따라 이어진 거대한 인대가 마치 현수교처럼 목과 꼬리의 무게를 지탱하고 균형을 잡아 주었을 것이다. 이 공룡의 특이한 점은 귀로 소리를 듣는 것이 아니라 발로 인식하였고, 꼬리는 의사소통의 수단으로 사용했다는 것이다.

디플로도쿠스와 같은 용각류의 공룡으로는 거대한 몸집을 자랑하는 브라키오사우루스, 카마라사우루스, 마멘키사우루스 등이 있다.

디플로도쿠스 화석

변변치 못한 디플로도쿠스의 방어 기술

디플로도쿠스는 몸집이 아주 컸지만 변변한 방어 수단이 없어서 알로사우루스 같은 대형 육식 공룡들의 공격을 많이 받았어. 대형 육식 공룡들에게 대항하기 위한 방법이라고는 고작 여러 마리가 함께 생활해 무리의 힘으로 공격을 피하거나 채찍 같은 꼬리를 이용하는 것이었지.

꼬리가 시작되는 지점의 근육은 매우 탄탄하였지만 유연해서 꼬리를 빠르게 휘두를 수 있었어. 연구자들에 의하면 꼬리를 휘두르는 속도는 무려 시속 200킬로미터나 되고, 사람이 내는 채찍 소리의 2천 배나 더 큰 소리를 냈을 거라고 해. 알로사우루스의 위협을 받을 때 디플로도쿠스 무리가 함께 꼬리를 휘두르면 굉장히 큰 소리가 바람을 가르고 울려와 포식자들이 쉽게 접근하지 못했을 거야.

디플로도쿠스의 꼬리뼈 화석에서 발견된 상처로 미뤄 보아 꼬리를 자주 휘둘렀고, 그것이 많은 손상을 일으켰다고 볼 수 있어. 그래서 꼬리로 대형 포식자를 직접 내려치기보다는 허공과 바닥을 치면서 소리로 위협해 물러나게 했을 것으로 생각돼.

또 디플로도쿠스의 앞발에는 크고 구부러진 발톱이 있는데, 그 큰 몸집에 발을 들어서 공격할 수 있었는지는 의문이야.

디플로도쿠스

생태계의 피라미드

이집트 사막에 있는 피라미드를 보면 아래가 넓고 위로 올라갈수록 좁지? 다 알고 있는 얘기라고? 피라미드 얘기를 왜 하냐면 지구의 자연 생태계, 즉 먹이사슬의 생태계가 피라미드를 꼭 닮았기 때문이야.

맨 아래에는 식물들, 그 위에는 나비와 같은 곤충이나 작은 초식 동물들이 있고, 또 그 위에는 그것들을 먹고 사는 새나, 뱀 같은 녀석들, 그리고 맨 위에 독수리나 호랑이, 사자 같은 무서운 동물들이 있지. 생태계가 피라미드와 닮았다는 것은 약한 생명체일수록 그 수가 많고, 강한 생물일수록 수가 적다는 것이야. 이렇게 되어야 자연은 균형을 잃지 않고 정상적으로 유지될 수 있어.

공룡의 경우도 똑같아서 초식 공룡보다 육식 공룡의 수가 훨씬 적었어. 우리가 타임머신을 타고 중생대로 가서 맨먼저 만나는 것은 티라노사우루스 같은 육식 공룡이 아니라 디플로도쿠스 같은 초식 공룡일 가능성이 커. 만약 초식 공룡보다 육식 공룡이 많으면 어떤 일이 벌어질까?

호랑이나 사자가 밖에 돌아다니는 개처럼 많다고 생각해 봐. 사람이 살 수 없는 것은 물론이고, 작은 동물들은 대부분 먹이가 되어 끝내는 사라지고 말 거야. 그러면 먹을 것이 없어진 큰 사냥꾼들도 멸종되겠지. 동물들이 사라진 지구는 식물들만 무성할까? 아니면 식물마저 없어지게 될까?

살아남기 위한 편식

잔소리 들어 싸네. 세상에 대해 알아야 할 게 얼마나 많은데 공룡 책만 읽어.

성공하려면 한 우물만 파라는 속담도 못 들었어? 난 나중에 공룡 박사가 될 거니까 공룡 책만 읽는 거라고.

그건 나중에 어른이 돼서 할 일이고. 우리 같은 어린이들은 다양한 것을 접해야 자기가 갈 길을 찾을 수 있어. 한 우물은 길을 정한 다음에 파는 거고.

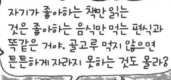

자기가 좋아하는 책만 읽는 것은 좋아하는 음식만 먹는 편식과 똑같은 거야. 골고루 먹지 않으면 튼튼하게 자라지 못하는 것도 몰라?

무슨 소리. 초식 공룡은 자기 좋아하는 식물만 골라먹는데도 엄청나게 크잖아. 저기 저 이구아노돈 보라고. 거친 잎만 좋아해서 저것만 먹는다고.

초식 공룡이 편식을 하는 건 살아남기 위해서야.

살아남기 위해 편식을 한다니 그게 무슨 소리야?

먹이 경쟁에서 밀리면 굶어죽을 수밖에 없어. 그런데 남이 먹지 않는 걸 골라 먹으면 경쟁할 필요가 없잖아. 그래서 살아남을 수 있는 거야. 편식을 통해서 살아남는다는 말이 이해가 돼?

아, 그래서 이구아노돈이 다른 공룡이 싫어하는 거친 나뭇잎을 먹는구나. 남에게 밀려 맛없는 것만 먹는다니 좀 불쌍한걸.

굶어죽는 것보다는 훨씬 낫지. 그리고 편식도 아무나 하는 게 아니라고.

맞아. 엄마의 잔소리 폭탄을 견디면서 공룡 책만 읽는 게 얼마나 힘든데.

너 자꾸 엉뚱한 소리만 할래? 지금 생존에 대한 얘기하는 거 몰라. 네가 책을 편식하는 게 살아남는 것과 무슨 상관이 있어?

너 몰라서 그러지 잔소리 듣는 스트레스가 얼마나 심한데. 스트레스가 만병의 원인이라는 말이 있잖아. 난 목숨 걸고 공룡 책을 읽는 거라고?

후유, 너랑 말을 하는 내가 바보지. 에오야, 얘 말은 무시하고 계속 말해 봐. 편식은 아무나 하는 게 아니라고?

이구아노돈은 이구아나처럼 입 안쪽으로 편평한 이빨이 줄지어 나 있어서 저렇게 거친 잎을 씹을 수 있어.

거친 잎만 편식하는 것도 아무나 하는 게 아니고 그렇게 진화해야만 가능한 거란 말이지.

그럼 거친 잎만 먹는 게 불쌍한 게 아니네. 이구아노돈은 남들은 부드러운 잎을 찾아 배를 곯으며 헤매는 동안 배불리 먹을 수 있으니 말이야

아무튼 살아남기 위해 이구아노돈은 편식을 선택한 셈이야.

나도 마찬가지야. 다른 사람과 책 경쟁을 피하려고 공룡 책만 읽는 거지.

도서관에 가면 읽을 책들이 하늘만큼 쌓여 있거든.

야, 넌 책 한 권
안 읽으면서 뭘 안다고
고개를 끄덕여.

끄덕
끄덕

책은 안 읽지만 그보다 더 많은
지식이 이 머리에 들어 있다고.
머리가 빈 너와는 달라.

우, 저게 아는 것
좀 있다고
사람을 무시하네.

쿵쿵

크크크

이구아나의 이빨을 가진 이구아노돈

빙만이의 공룡일기

1822년 영국에서 발견된 이래 이구아노돈의 화석은 유럽과 아시아, 아메리카, 아프리카 등 세계 각 지역에서 나왔다. 이것은 이구아노돈이 매우 번성했고 그 수가 무척 많았음을 뜻한다. 처음 발견된 이빨 화석이 이구아나의 이빨과 비슷해서 '이구아나의 이빨'이란 뜻으로 이름을 지었는데, 많은 학자들은 이 공룡의 모습이 코뿔소와 비슷했을 거라고 생각했다. 그 뒤 50여 년이 지나 벨기에의 한 탄광에서 거의 완전한 상태의 뼈 화석 30여 개가 발견되면서 온전한 제 모습을 찾게 되었다.

이구아노돈은 몸길이가 10미터 정도에 몸무게는 약 7톤에 이르는 큰 초식 공룡이다. 입 안쪽으로 편평한 이빨이 줄지어 나 있어서 거친 식물들을 잘 씹어 소화시킬 수 있었다.

이구아노돈은 보통 네 발로 걸어 다녔지만 위험이 닥치거나 필요한 경우 두 발로 걸어 다닐 수도 있었다. 높은 나무 위에 있는 먹이를 먹을 때 몸을 일으켜 세워서 뜯어 먹었을 것이고, 사냥꾼 공룡이 다가오면 앞발을 들고 몸을 세워 예리한 뿔처럼 생긴 엄지발톱으로 대항했을 것이다.

공룡 중에 두 번째로 이름이 붙여진 이구아노돈은 마이아사우루스, 하드로사우루스, 힙실로포돈, 파브로사우루스, 헤테로돈토사우루스 같은 공룡들과 함께 조반목 조각류 공룡으로 분류되고 있다.

멋쟁이 공룡, 오리너구리공룡류

오리의 부리와 닮은 입을 가지고 있는 오리너구리공룡류는 하드로사우루스류라고도 하는데, 백악기 중기에 나타나 다른 공룡들과 함께 멸종한 마지막 조각류 공룡이야. 이 공룡들이 살았던 기간은 비교적 짧은 3천만 년밖에 안 되지만 매우 다양한 모습으로 진화하였어. 그러나 외모의 화려한 진화와는 달리 모든 하드로사우루스류 공룡들의 몸통은 거의 같은 모습이야. 또 엄지 발가락이 없다는 것을 제외하면 초기의 이구아노돈류와도 달라진 것이 별로 없어.

하드로사우루스 화석

하드로사우루스류는 모두 식물을 다지기에 좋은 이빨 수백 개가 나 있는데, 이것으로 날카로운 침엽수의 잎과 작은 나뭇가지들도 충분히 소화시킬 수 있었을 것으로 보여.

하드로사우루스류는 머리 위의 모습을 통해 몇 가지로 나눌 수 있어.

먼저 머리에 볏이 없는 공룡인 하드로사우루스 그룹이야. 하드로사우루스 그룹이니까 하드로사우루스가 대표선수겠지? 그리고 아나토사우루스, 크리토사우루스, 바크트로사우루스 등의 공룡들이 있어.

다음은 뿔처럼 솟아나온 볏이 있는 사우롤로푸스 그룹의 공룡들이야. 사우롤로푸스와 유니콘의 뿔처럼 돌출된 볏이 있는 친타오사우루스가 있지.

사우롤로푸스

코리토사우루스

파라사우롤로푸스

마지막으로 머리 꼭대기에 아주 큰 볏을 가진 람베오사우루스 그룹이 있어. 코리토사우루스와 파라사우롤로푸스 등이 이 그룹에 속해.

공룡의 볏은 어떤 기능을 했을까?

하드로사우루스류의 특징인 볏의 역할에 대해서는 여러 가지 의견이 있지만 지금 살아 있는 동물 중에 공룡의 볏과 비슷한 것을 갖고 있는 동물이 없기 때문에 정확한 설명을 하기는 어려워.

볏에는 속이 비어 있는 것과 속이 차 있는 것이 있는데, 어떤 공룡은 두 종류의 볏을 다 가지고 있기도 해.

하드로사우루스류가 물가에서 생활했던 것과 관련해서 속이 비어 있는 볏이 물속에서 먹이를 먹을 때 물이 폐로 들어오는 것을 막아 주는 역할을 했다고 주장하는 학자들도 있어. 다른 의견으로는 물속에 있는 시간 동안 공기를 담아 두었다가 산소를 공급하는 기능을 했다고 주장하기도 해. 오스트롬이라는 학자는 이 볏이 호흡의 역할보다는 냄새를 맡기 위한 기능을 강화하기 위해 이용했다고 확신하였지. 또 하나는 소리를 내기 위한 울림통의 역할을 했다는 의견도 있어.

그러면 속이 차 있는 볏은 어디에 썼을까? 가장 그럴듯한 주장은 제임스 홉슨이라는 학자가 제기한 것으로, 의사소통을 위한 기관이었다는 것이야. 짝짓기를 위한 구애활동에 쓰이거나, 육식 공룡의 위험을 알리기도 하는 데 쓰였다는 얘기지.

트리케라톱스 vs 티라노사우루스

고사리가 나무처럼 크네.

그래서 나무고사리라고 해.

병만아~ 우리가 여기 온 지 몇 시간 지났지?

으응~, 딱 한 시간 지났네.

그래? 한 서너 시간은 지난 것 같은데 그것밖에 안 됐어?

근데 시간은 왜 물어?

내가 밤늦게 돌아가면 엄마가 걱정하실 거 아니야.

걱정 붙들어 매셔. 너처럼 똑똑한 딸을 둔 엄마는 아무 걱정할 일이 없으실걸.

그렇지 않아. 자식 걱정하는 마음은 누구나 똑같아.

우린 다 컸는데 왜 걱정하시는지 몰라. 우리가 유치원생도 아닌데.

그거야. 네 생각이지. 엄마 눈엔 아직 너희들이 물가에 내놓은 어린애 같을걸. 병만이 너는 특히 더.

무슨 소리야. 내가 단비보다 더 어른스럽다고.

앗! 저기 좀 봐. 아가들이 위험해.

우아, 뿔 공룡, 트리케라톱스다.

그런데 티라노사우루스가 트리케라톱스를 뒤쫓고 있어.

아기 트리케라톱스가 뒤처져서 위험해.

엄마 트리케라톱스가 가만히 있지 않을 텐데.

티라노사우루스와 트리케라톱스가 싸우면 누가 이길까?

지금 그게 중요해? 아기가 다치면 어떡해.

소리 지를 것까진 없잖아.

그럼 우리 이렇게 하자. 아기 트리케라톱스가 잡아먹히지 않도록 함께 응원하는 게 어때?

철없는 네가 모처럼 철 있는 소릴 하는군.

저것 봐. 엄마 트리케라톱스가 아기 트리케라톱스들을 뒤로 숨기고 있어.

앗, 티라노사우루스가 트리케라톱스의 등을 물려고 해.

이겨라! 이겨라! 트리케라톱스 이겨라!

캬아악!

아기들이 다치지 않게 보호하려는 거야.

저것 봐. 티라노사우루스가 눈에 피를 흘리며 도망가고 있어.

후다닥

풀석

트리케라톱스의 뿔에 당한 거야. 역시 어머니는 위대해.

세 개의 뿔이 있는 트리케라톱스

트리케라톱스는 뿔이 있는 공룡류, 다시 말하면 각룡류의 대표적인 공룡이다. 백악기 후기인 7천500만 년경에서부터 백악기가 끝날 때까지 북아메리카의 서부에서 주로 살았다. 가장 큰 트리케라톱스의 몸길이는 9미터, 몸무게는 6톤이나 되는 큰 초식 공룡이고 같은 장소에서 여러 마리의 화석이 발견된 것을 보면 다른 초식 공룡들처럼 무리를 지어서 살았다고 추측할 수 있다. 이들은 이빨의 크기가 작고 수가 많아 질긴 식물도 잘 소화시킬 수가 있었을 것이다.

각룡류는 보통 꼬리가 짧고 머리가 큰데, 그 중 트리케라톱스 호리두스는 머리의 길이만 2미터나 된다. 공룡뿐만 아니라 지금까지 살았던 모든 육상 동물 중 가장 머리가 큰 동물로 알려져 있다. 각룡류의 가장 큰 특징은 날카로운 부리와 목을 둘러싼 커다란 깃, 그리고 커다란 뿔이다. 트리케라톱스도 코뿔소의 뿔처럼 생긴 뿔이 코 위에 있고, 눈 위에도 1미터나 되는 긴 뿔이 양쪽으로 하나씩 2개가 있다. 목둘레에 나 있는 깃 장식은 아직 그 용도를 밝혀내지 못했다. 위기를 대처하기 위한 용도, 체온을 조절하기 위한 용도, 짝짓기 대상을 유혹하기 위한 용도 등 여러 가지 주장만 있다.

트리케라톱스 말고도 각룡류에는 켄트로사우루스, 프로토케라톱스, 카스모사우루스, 펜타케라톱스 등이 있다.

트리케라톱스

트리케라톱스 VS 티라노사우루스

　최근의 연구에 의하면 트리케라톱스는 어떤 이유에서인지 동족과 뿔싸움을 했던 것으로 밝혀졌어. 이런 싸움은 서열을 정하거나, 짝짓기를 하기 위한 것으로 생각돼. 진짜 목숨을 건 싸움은 따로 있었지.

　트리케라톱스가 살았던 백악기 후기는 지구에 살았던 동물 중 가장 강력했던 티라노사우루스가 번성했을 때와 일치해. 티라노사우루스가 트리케라톱스라고 해서 그냥 두지는 않았겠지? 어떤 트리케라톱스의 뼈 화석에는 티라노사우루스에게 공격당해 입은 깊은 상처가 남아 있기도 해. 강인한 턱을 가진 대형 사냥꾼과 날카로운 뿔과 방패가 있는 트리케라톱스의 대결. 누가 살아남았을까?

　티라노사우루스가 트리케라톱스를 성급하게 공격하지는 않았을 거야. 천천히 주위를 맴돌면서 공격의 기회를 엿보았다가 기습적으로 공격했겠지. 그러지 않고

티라노사우루스와
맞서는 트리케라톱스

정면 대결을 하면 낮은 자세로 뿔을 내밀고 달려드는 트리케라톱스의 공격에 치명상을 입을 수도 있었을 테니까. 굳이 위험을 무릅쓰고 사냥할 필요는 없었겠지.

티라노사우루스가 좀 더 쉬운 사냥감인 트리케라톱스 새끼를 공격하려고 하면, 트리케라톱스는 새끼들을 가운데 두고 빙 둘러서 사냥꾼을 뿔로 겨냥하면서 새끼들을 보호했을 거야.

초식 공룡은 어떤 식물을 먹었을까?

공룡이 살았던 시대는 요즘처럼 다양한 식물들이 없었어. 고사리나 잎이 바늘처럼 뾰족한 소철나무와 같은 침엽수들이 대부분이었지. 초식 공룡이라고는 하지만 공룡들은 진짜 풀은 먹어 보지 못했어. 왜냐고? 우리가 흔히 볼 수 있는 풀은 공룡이 멸망하고도 수백만 년이 지나서야 생겨났으니까. 아! 그렇지만 은행나무는 있었어. 은행나무는 공룡과 매머드, 인간을 모두 보며 산 정말 오래된 나무로, '살아 있는 화석'이라고도 해.

은행나무

머리 나쁜 공룡, 스테고사우루스

흐엉~, 나도 엄마 보고 싶다.

넌 귀도 참 밝고 행동도 민첩한데 감정을 느끼는 데는 한 박자 느리구나.

내가 그랬던가?

훌쩍 훌쩍

그럼 우리 그만하고 각자 집으로 돌아갈까?

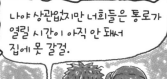

나야 상관없지만 너희들은 통로가 열릴 시간이 아직 안 돼서 집에 못 갈걸.

아, 그럼지? 그럼 당장 집에도 못 가는데 다른 공룡이나 보러 가자.

그리

야~, 출발하자마자 공룡을 발견했다.

아니 저 녀석은?

저 공룡, 무척 유명한 공룡 같던데 이름이 뭐였더라?

검룡류 공룡, 스테고사우루스잖아.

아, 맞다. 스테고사우루스!
짝!

스테고사우루스가 단비가 아는 공룡이라니 어쩐지 나도 반갑네.

근데 저 공룡의 등줄기에 갑옷 비늘처럼 쭈르르 나 있는 건 뭐야?

아, 그건 골판이야. 골판이 나 있는 것은 검룡류 공룡의 특징이야.

크고 두꺼워 보이는 골판 덕분에 덩치도 무척 커 보이네. 저건 육식 공룡으로부터 자신의 몸을 지키려는 무기일까?

우아~, 딱 맞혔어. 단비 너도 은근히 공룡을 좋아하는구나.

또 골판은 이성에게 자신을 과시할 때 써. 사자의 갈기처럼 말이지.

그런데 머리는 다른 공룡에 비해 좀 작아 보이네.

무훗훗~, 그래서 뇌의 크기도 작고 공격받을 때 반응도 무척 느리지.

크크크, 그런 점은 너랑 닮았구나. 너도 뭔가 느끼는 데에는 무척 느리잖아.

스테고사우루스, 감각을 느끼는 데 3초?

검룡류는 새엉덩이뼈(조반목) 공룡의 한 종류로 등에 골판이 있다. 앞다리는 짧고 뒷다리는 굵고 길어서 등이 굽은 것처럼 보인다. 이렇게 머리가 낮은 걸로 보아 땅에 있는 식물들을 먹고 살았을 것이다.

검룡류는 다른 공룡들에 비해 머리가 작은 편이다. 그래서 공룡 가운데 가장 머리가 나쁜 공룡이었을 거라고 학자들은 생각하고 있다. 뇌는 작을 뿐 아니라 반응도 둔해서 공격을 받으면 당장 반응하지 않고 몇 초 후에나 반응했을 거라는 주장도 있다.

검룡류 중에서는 스테고사우루스가 가장 잘 알려져 있는데, 몸길이는 9미터에 몸무게는 4.5톤이나 된다. 스테고사우루스는 목에서 시작해 등을 이어 꼬리까지 나 있는 골판들이 특징인데 각각의 크기가 1미터로 아주 크다. 그런데 이 골판들은 뼈에 이어진 것이 아니고 피부에 붙어 있었기 때문에 정확한 위치를 알기는 어렵다고 한다. 스테고사우루스는 꼬리 끝부분에 2쌍의 날카로운 침이 있어 육식 공룡들의 공격에 맞설 수 있었다.

스테고사우루스

스테고사우루스 외에 휴양고사우루스, 투오지앙고사우루스, 겐트로사우루스, 다센트루루스, 렉소비사우루스 등이 대표적인 검룡류다.

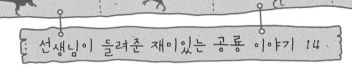

골판은 어떤 역할을 했을까?

검룡류 공룡의 가장 큰 특징인 골판의 역할은 아직 분명하지 않아. 1870년대 미국에서 처음 발견한 이후 많은 연구가 있었지만 방어용, 체온조절용, 과시용 등 의견이 분분해.

스테고사우루스 발견 초기에는 이 골판들이 육식 공룡과 싸울 때 무기로 썼을 거라고 생각했어. 단단하고 날카로워 보였으니까. 그런 데 이후 많은 화석 이 발견되고 연구 가 진전되면서 무 기로 쓸 수 없었다 는 주장이 나왔어. 골판이 벌집 모양의 얇은 뼈인 데다 혈 관이 가득한 피부로 이루어져 있어서 무 기로 쓰기엔 지나치 게 약했거든.

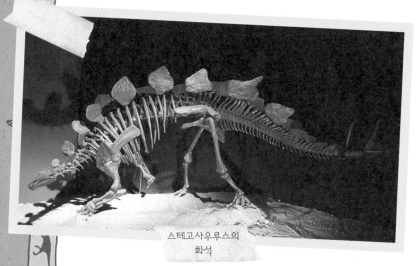
스테고사우루스의
화석

그러자 체온 조절 기능을 했을 거라는 의견이 제기되었지. 골판에 분포된 혈관을 이용해 아침에는 햇볕을 받아 체온을 올리고, 더운 한낮에는 바람을 이용해 체온을 낮추는 데 썼다는 거야. 그러나 최근 혈관처럼 보였던 것이 비늘의 일종이었다고 밝혀짐에 따라 온도 조절 역할을 했다는 것에도 의문이 생겼지.

방어용 무기도 아니고 체온 조절 기능도 하지 않았다면 이 골판은 어떤 역할을

했을까? 가장 최근의 주장은 1미터나 되는 골판을 곧추세워 덩치를 크게 보여서 사냥꾼 공룡의 공격을 피하거나, 아니면 짝짓기를 할 때 좀 더 멋있게 보이기 위한 것이 아니었을까 하고 생각하게 되었지. 과연 정답은 무엇일까?

공룡 화석을 발굴하고 연구한 사람들

공룡이란 이름을 처음 만든 사람은 영국의 리처드 오언이야. 그는 1841년 초 발견된 화석 몇 개가 다른 어떤 종과도 다르다는 것을 알고 다이노사우루스, 즉 공룡이라고 불렀어. 이로써 그는 '공룡의 아버지'라고 불리게 되었지.

공룡 화석 발견 사상 두 번째인 이구아노돈을 연구하고 명명한 사람은 시골 의사인 기드온 멘텔이었어. 멘텔의 부인은 이구아노돈의 이빨 화석을 발견했지.

새가 공룡의 후손일 것이라고 주장한 사람은 영국의 생물학자 토머스 헨리 헉슬리였어. 그의 주장은 다윈의 진화론에도 영향을 미쳤지.

공룡이 모두 변온 동물이 아니라 일부는 항온 동물일 거라고 주장한 사람은 존 오스트롬이야. 그의 주장은 공룡 연구에 새로운 과제를 제시했지.

최근 들어 공룡 연구를 가장 활발하게 한 사람은 중국의 쉬싱으로 깃털 공룡 연구의 선구자야. 그는 날 수 있는 날개를 가진 최초의 공룡 미크로랍토르의 이름을 붙인 학자로 유명하지.

우리나라에도 훌륭한 공룡 연구자들이 있어. 허민 교수는 우리나라에서 발견된 공룡 화석에 '코리아노사우루스', '부경고사우루스', '코리아노케라톱스' 등의 이름을 붙였어. 또 이융남 박사는 미국과 몽골에서 화석 발굴 작업에 참여하였고 1996년 텍사스에서 발견한 갑옷 공룡류인 파파사우루스의 이름을 지었어.

별난 머리 삼총사

우아~, 머리 모양이 재미난 공룡들이다.

저기 봐봐 박치기 왕, 크로바 무늬 파키케팔로사우루스도 있어.

머리를 맞대고 뭐하는 거지? 또 싸우려고 저러나?

파키케팔로사우루스, 너 말이야?
우리 동네에 와서 풀 먹지 말랬지?

아야!
왜 물어?

풀 먹지 말랬지?

콕!
콕!

아, 따가워.
왜 쫏아?

콕!

이것 보라. 둘이 합세해서
나를 공격하네.

야, 코리토사우루스랑 파이프
머리를 한 파라사우롤로푸스는
너희 동네 사는 공룡도 아닌데
왜 아무 말도 하지 않지?

파라사우롤로푸스는
내 친구라서 내가 초대했다.
왜?

메롱~

뭐, 친구? 흥,
둘이 왜 친구가 됐는지
척 봐도 알겠군.

뭘 알겠다는 거야?

둘 다 머리 생김새가 이상하잖아.
접시 머리를 한 코리토사우루스,
파이프 머리를 한
파라사우롤로푸스랑?

우리더러 접시 머리와
파이프 머리라고?
맨질맨질 돌머리 주제에.

맞아. 돌머리 주제에.

나처럼 강인하고 멋진 머리더러
돌머리라고? 어디 돌머리 맛 좀 볼래?

어쭈? 어디 남의 동네 와서 행패야? 너희 파키케팔로사우루스들은 다 그러니?

코리토사우루스, 못생긴 것도 서러울 텐데 잘생긴 우리가 참자.

그래, 못생긴 머리 맛 좀 봐라.

헉!

휙!

퍽!

띠용~

넌 돌머리 맛 좀 봐라.

쾅!

아이고, 내 머리야.

그러니까 아까부터 내가 조심하라고 했지?

번쩍!

도망가자. 저 머리에 한 번만 더 맞았다간 뇌진탕 걸리겠어.

우리 동네를 두고 가긴 어딜 가? 작전을 바꿔야겠어.

맛있는 풀 너가 원하는 대로 먹어도 돼.

?

날 밀치고 돌머리라고 할 땐 언제고?

그건 오해야. 우리처럼 머리가 개성 있게 생겼다고 반긴 거였는데. 별난 머리 공룡끼리 친구하자.

가장 두꺼운 머리뼈를 가진 파키케팔로사우루스

부채 모양의 볏을 가진 크리올로포사우루스, 접시를 얹은 것 같은 코리토사우루스, 코에서부터 머리 뒤까지 길게 연결된 볏을 지닌 파라사우롤로푸스 못지않게 독특한 모습을 한 공룡이 있다. 바로 견두류 공룡 파키케팔로사우루스다. 마치 투구를 쓴 것처럼 불룩 튀어나오고 그 주위로는 오돌토돌한 뼈의 혹이 뒷머리에서부터 콧등까지 나 있는 머리는 다른 공룡류에게서는 찾아볼 수 특이한 모습이다. 게다가 두께가 25센티미터나 되는 머리뼈는 공룡 중에서도 가장 두껍고 단단한데, 사람 머리뼈의 50배나 된다.

파키케팔로사우루스의 몸길이는 약 9미터이고 몸무게는 2톤이나 된다. 몸집이 이렇게 크지만 잘 발달된 뒷다리로 민첩하게 육식 공룡의 공격을 피할 수 있었을 것이다.

눈은 육식 공룡처럼 정면을 볼 수 있는 구조로 되어 있는데 크기도 커서 시력이 꽤 좋았을 것이다. 그리고 다른 초식 공룡들처럼 편평하고 넓은 이빨이 아니라 다소 뾰족한 톱니 모양의 이빨을 가지고 있다. 그래서 어떤 학자들은 파키케팔로사우루스가 식물뿐만 아니라 작은 동물도 잡아먹는 잡식성 공룡이라고 주장하기도 한다. 이런 이빨은 식물을 자르기뿐만 아니라 고기를 찢기에도 적합하니까.

파키케팔로사우루스는 백악기 후기에 북아메리카에서 살았고, 녀석과 같은 견두류 공룡으로는 스테고케라스, 호말로케팔레, 프레노케팔레 등이 있다.

파키케팔로사우루스

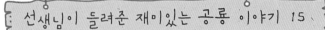

파키케팔로사우루스는 박치기왕?

파키케팔로사우루스의 머리뼈는 왜 이렇게 두꺼워졌고 어떤 역할을 했을까? 녀석의 독특한 모양과 구조의 머리는 학자들의 관심을 끌었고 그로 인해 많은 연구가 이루어졌어.

학자들은 머리부터 등뼈에 이르는 몸이 박치기의 충격을 현저히 줄여 주는 구조로 되어 있다고 주장했어. 등뼈는 아주 튼튼했고 목에서 뒷머리까지 연결된 힘줄은 매우 크고 강해 보였거든.

파키케팔로사우루스 화석

또한 머리뼈는 크지만 뇌는 달걀만 해서 뇌 주위에 충격을 덜어 주는 공간이 있었을 것으로 보였지. 이런 사실로 보아 파키케팔로사우루스는 박치기를 하기 위해서 투구형의 머리를 가지게 되었다고 확신했지.

그러나 최근의 연구는 충격을 줄여 주는 구조가 새끼 때만 있다가 어른이 되면 없어진다는 것을 밝혀냈어. 더구나 파키케팔로사우루스의 머리뼈 화석에서는 충돌의 흔적을 찾아낼 수가 없었어. 빠른 속도와 힘으로 박치기를 했다면 상처나 흠집이 나는 게 당연한데 말이지.

그렇다면 이 독특한 머리뼈는 무엇에 쓰기 위해 이렇게 진화되어 왔을까?

초식 공룡, 육식 공룡 누가 더 진화한 동물일까?

진화의 역사에서 육식 공룡과 초식 공룡 중 누가 더 진화한 공룡일까? 얼핏 생각하면 육식 공룡인 것 같지? 초식 공룡을 사냥하고 머리도 더 많이 쓰니까 말이야. 그런데 더 진화한 동물은 초식 공룡이야.

진화의 과정은 보통 단순한 신체 구조에서 복잡한 신체 구조로 가는 형태야. 육식 공룡의 창자는 바로 에너지로 바꿀 수 있는 고기를 먹기 때문에 짧고 단순해. 반면 초식 공룡의 창자는 질기고 억센 식물의 섬유질을 소화시켜야 하기 때문에 훨씬 길고 복잡하지. 그러니 위나 창자와 같은 소화기관이 더 많이 복잡하게 발달한 초식 공룡이 육식 공룡보다 더 진화한 동물이란 말씀!

공룡의 뼈는 계속 자란대!

공룡은 덩치가 어마어마하게 커. 공룡이 그처럼 거대해진 이유 중의 하나는 사람처럼 성장판이 닫히지 않고 뼈가 계속 자라기 때문이야. 죽을 때까지 계속 자라니까 정말 커지겠지. 만약 사람이 평생 자란다면 키가 5미터는 될 거야. 그렇다고 공룡이 무한정 크는 것은 아니란다. 태어나면서부터 성장해 오다가 사람으로 치면 청년 시기부터 성인이 될 때까지 급격히 커져서 어른의 몸체를 갖춘 다음에는 죽을 때까지 조금씩 성장한다고 해.

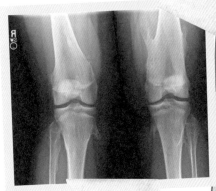
성장판

장갑차 공룡, 안킬로사우루스

저 언덕 너머 맛있는 풀이 많아. 같이 가서 먹자.

야, 신난다앙

처음엔 서로 싸우더니 어느새 친구가 됐나 보네.

박치기 한 방에 적을 친구로 만들다니 역시 파키케팔로사우루스야.

엄지 척!

우리도 클로버 무늬 파키케팔로사우루스 박치기 덕에 친구가 됐잖아8

짝

자, 그럼 공룡 탐험을 계속해 볼까8

한참 후.

아무리 가도 새끼 공룡 한 마리 보이지 않네.

한참 걸었더니 다리 아프다. 육식 공룡이 나타날까 봐 겁도 나고.

이럴 땐 장갑차 같은 게 한 대 있으면 딱이겠다.

장갑?

저기 좀 봐. 장갑차다.

장갑차 공룡, 안킬로사우루스

백악기 후기 북아메리카의 낮은 숲 사이! 딱딱한 갑옷을 두른 공룡이 배를 땅바닥에 붙인 채 웅크리고 있다. 그 주위에는 티라노사우루스가 서성거리며 이 사냥감을 해치울 방법을 고민하고 있다. 이빨로 물어 보기도 하고, 발로 흔들어 본다. 하지만 요지부동이다. 별다른 대책을 못 찾고 있는 사이 엎드려 있던 공룡은 꼬리 망치를 빠르게 휘둘러 티라노사우루스의 다리를 공격한다. 공격을 당한 티라노사우루스는 화가 났지만 큰 충격을 받은 다리를 절며 돌아선다.

초식 공룡 중 가장 뛰어난 방어 능력을 가진 안킬로사우루스와 최강의 육식 공룡인 티라노사우루스의 대결을 상상해 본 장면이다. 물론 티라노사우루스가 항상 사냥에 실패하지는 않았을 것이다.

갑옷을 입은 곡룡류 중 가장 대표적인 공룡인 안킬로사우루스는 장갑차처럼 단단한 골판이 피부를 덮고 있어 적으로부터 자신을 지킬 수 있었다. 또한 꼬리 끝에 25킬로그램이나 나가는 망치 같은 뼈는 공격해 오는 공룡의 뼈를 한 번에 부러뜨릴 수 있는 위력이 있었다. 그렇다고 이 공룡이 사나운 공룡은 아니다. 적이 위협하거나 공격하지 않는 한 싸움을 하지 않았던 온순한 성격의 공룡이었을 것으로 보고 있다. 몸길이는 9미터에 이르고, 3톤이나 나가는 몸무게와 몸을 둘러싼 갑옷 때문에 머리를 높이 들기는 어려워 주로 땅에 나 있는 식물들을 먹고 살았으며 홀로 생활했을 것으로 추정하고 있다.

안킬로사우루스류 공룡은 샤모사우루스, 유오플로케팔루스, 피나코사우루스 등이 있다.

안킬로사우루스

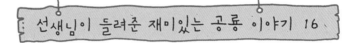

꼬리 망치가 없는 갑옷 공룡

갑옷 공룡은 꼬리 망치가 있는 안킬로사우루스류와 꼬리 망치가 없는 노도사우루스류로 나뉘어. 확실하게 노도사우루스류로 분류되는 공룡은 노도사우루스와 힐라에오사우루스, 폴라칸투스가 대표적이야. 그 중에서 노도사우루스가 가장 많이 알려진 공룡이지만 발견된 화석이 많지 않아 앞으로도 많은 연구가 필요한 공룡이야.

노도사우루스는 안킬로사우루스와 같은 시기에 북아메리카에서 살았고 몸길이는 5.5미터 정도 되었는데, 꼬리 망치는 없지만 조각판처럼 생긴 뼈가 목에서부터 꼬리까지 규칙적으로 덮여 있어 강한 방어 능력을 가졌을 것으로 생각돼.

노도사우루스류 공룡들 중 가장 먼저 발견된 힐라에오사우루스는 1833년 영국에서 거대한 바위에 몸체 골격이 반이 노출된 상태로 발견되었어. 지금은 대영박물관에 보관되어 있는데, 아직도 몸 뒷부분을 꺼내지 못하고 그대로 있어서 전체 골격에 대한 연구가 이루어지지 않고 있지.

반면 폴라칸투스는 허리부터 몸의 뒷부분까지 반만 화석으로 발견돼 두 공룡 사이에 어떤 연관이 있는지 밝히기가 어려워.

공룡의 암수 구별은 어떻게 할까?

거의 모든 동물들과 마찬가지로 공룡도 암컷과 수컷이 있어. 그런데 공룡의 암수는 어떻게 구별할까?

암수를 구별하는 가장 쉬운 기준은 몸집이나 외모야. 대부분의 공룡은 암컷이

작고 수컷이 크지. 트리케라톱스 같은 뿔공룡이나 람베오사우루스와 같은 오리너구리공룡류가 그랬다고 해. 그렇다고 모든 공룡의 수컷이 암컷보다 큰 것은 아니야.

티라노사우루스와 알로사우루스 같은 대형 포식자들은 암컷이 수컷보다 몸집이 더 컸다고 해. 왜 그럴까? 그것은 종족을 번식하기 위해서야. 무슨 말이냐고? 암컷은 몸속에 알을 품어야 하기 때문에 몸이 더 커졌다는 거지.

한편 벗이 있는 공룡의 경우 지금 우리 주변에서 보는 새와 같이 수컷의 벗이 암컷보다 크고 화려했다고 알려져 있지.

그리고 꼬리뼈의 모양을 살펴봐도 암수의 다른 점을 찾을 수 있어. 공룡 화석을 보면 모든 공룡들의 꼬리뼈에는 아래 방향으로 나 있는 뼈가 있는데, 암컷은 수컷과는 달리 엉덩이뼈에서 세 번째 마디까지는 이 뼈가 없어. 알을 품을 공간을 마련하기 위해서 비워 둔 거야.

사슴의 암수

작은 고추가 맵다

역시 장갑차 공룡은 대단해.

저렇게 큰 육식 공룡을 다 물리치다니 덩치가 작은 육식 공룡은 무시해 버려도 되겠어.

천만의 말씀! 작은 육식 공룡이라고 해도 벨로키랍토르 같은 사나운 공룡은 방어하기 힘들걸.

아, 영화 〈쥬라기 공원〉에서 나왔던 그 공룡?

맞아. 벨로키랍토르는 덩치는 작아도 이빨과 발톱이 날카롭고 행동이 민첩해서 수비력이 뛰어난 공룡도 사냥할 수 있다고.

저기 좀 봐. 공룡 두 마리가 만나 서로 으르렁대는데?

야, 꼬맹이.

누가 누구더러 꼬맹이래. 꼬맹이는 너지. 네가 나보다 훨씬 더 작잖아?

네가 나보다 커 봤자지.

찌이익 푹!

비겁한 놈. 길이를 재자고 하곤 몰래 공격하다니.

길이 재자는 얘기는 내가 아니라 네가 했잖아.

그야 너처럼 작은 놈이 나처럼 큰 공룡한테 꼬맹이라고 하니까 어이가 없어서 그런 거였지.

그러는 넌 나더러 꼬맹이라고 안 그랬어?

가만 보니까 너 날 공격하다가 실패하니까 말싸움으로 이겨 보자는 거냐?

실패라고? 네 등짝에 밭고랑처럼 긴 상처가 난 거 모르나 봐.

아~, 쓰라려. 내가 언제 다쳤지?

이렇게 된 이상 암만 꼬맹이라 해도 가만두지 않겠다.

덩치가 크다고 착각하고 있나 본데. 나는 포식자이고 넌 먹잇감이란 사실 잊지 말라고. 아주 갈기갈기 찢어 주마.

턱 펙 꼬꽥! 부우우웅~ 캑! 으드드득!

작지만 난폭한 사냥꾼, 벨로키랍토르

병만이의 공룡일기

사나운 육식 공룡이라고 하면 괴성과 함께 커다란 몸집으로 땅을 울리며 다가와서는 크고 단단한 턱으로 한 번에 목을 물어 사냥감을 제압하는 광경이 떠오른다. 그런데 조용히 접근했다가 갑자기 달려들어 상처를 입히는 방식으로 사냥했던 공룡도 있다고 한다. 유치원생만 한 키와 몸무게였지만 '민첩한 사냥꾼'이란 이름을 가진 벨로키랍토르가 그 주인공이다.

'싸움중인 공룡들' 화석으로 알려진 벨로키랍토르는 영화 〈쥬라기 공원〉에서 거의 주연급 공룡으로 나와 더욱 유명해졌다. 영화에서는 무리 지어 다니면서 생활하는 것으로 나오는데, 지금까지 발견된 화석 중 무리를 지은 것은 없었다. 그러나 백악기 후기의 몽골 고비 사막에는 벨로키랍토르가 쉽게 사냥할 수 있는 동물들이 많지 않았다는 것을 생각해 보면 무리 지어 살 수밖에 없을 것이라는 주장도 많다.

이 공룡류의 특징인 갈고리 모양의 두 번째 발톱은 평소에는 땅에 닿지 않게 들려 있다가 사냥을 할 때는 위아래로 움직이면서 사냥감에게 깊은 상처를 남기곤 했을 것이다.

2007년, 몽골에서 발견한 화석에서는 앞다리에 깃털의 흔적이 발견되기도 했다. 이를 두고 여러 의견이 맞서고 있단다.

벨로키랍토르가 속해 있는 드로마에오사우루스류 중 가장 대표적인 공룡은 무리 지어서 대형 초식 공룡들도 사냥한 '무시무시한 발톱', 데이노니쿠스다.

벨로키랍토르

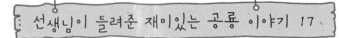

'싸움중인 공룡들' 화석

공룡 화석 발굴 역사상 가장 힘이 넘쳐 보이는 화석을 뽑으라면 바로 '싸움중인 공룡들'이라 불리는 화석이야. 이 화석에는 벨로키랍토르와 프로토케라톱스가 격렬하게 싸우는 순간이 그대로 남아 있지.

'싸움중인 공룡들' 화석은 1971년, 몽골의 고비 사막에서 발견되었어. 발견 당시 벨로키랍토르는 왼손으로는 프로토케라톱스의 머리를 잡고 날카로운 발톱으로는 프로토케라톱스의 배를 할퀴려는 자세를 하고 있었어. 프로토케라톱스는 벨로키랍토르의 팔을 물고 있었지. 이것은 백악기 후기 공룡들의 처절한 삶의 모습을 고스란히 보여 주는 화석이라고 할 수 있어.

'싸움중인 공룡들'
화석

그런데 어떻게 이 두 공룡은 싸우는 자세로 화석이 되었을까? 고생물학자들은 격투 중에 거대한 모래폭풍이 몰아닥쳐 순식간에 휩싸였거나 주변의 모래언덕이 무너져 내리면서 파묻혔을 거라고 생각하고 있어. 일부에서는 각각의 시체가 강물에 흘러가다가 우연히 싸우는 모양이 되었다고 주장하기도 해.

목숨이 위태로운 상황에서도 싸우고 있었다면 정말 사나운 공룡이었겠지? 몽골 자연사박물관에 전시되어 있으니 몽골로 여행을 가면 꼭 한번 보렴!

진짜 공룡 화석을 보려면 어디로 가야 할까?

세계에서 가장 큰 규모를 자랑하는 캐나다의 티렐 고생물박물관에는 거의 온전한 상태로 복원된 진품 공룡 화석이 35구나 전시되어 있어.

우리나라의 경우엔 박물관 7곳에서 8구의 공룡 화석을 전시하고 있어.

경기도 과천 국립과천과학관의 자연사관에 있는 에드몬토사우루스는 90%가 진짜 뼈 화석으로 복원된 공룡이야. 이 화석은 미국에서 들여온 거야.

목포자연사박물관에는 완벽히 복원된 프레노케라톱스가 있어. 어린 녀석이라 그렇게 크지는 않지만 전 세계에서 2종만이 발굴된 아주 희귀한 공룡이야.

전남 해남 우항리공룡박물관에는 쥐라기 최강의 육식 공룡 알로사우루스가 있어. 몸길이는 7.7미터나 되는데 80퍼센트가 진짜 뼈 화석으로 이루어져 있어.

충남 계룡시 계룡산자연사박물관에는 거대한 용각류 초식 공룡 브라키오사우루스가 있어. 이름은 '청운이'인데, 몸길이는 25미터, 높이는 16미터, 몸무게 80톤이 나가. 85퍼센트가 진짜 뼈 화석이지.

대전에서는 두 곳에서 공룡 화석을 볼 수 있어. 국립중앙과학관에는 뿔공룡 트리케라톱스가 있는데 길이가 6미터, 키는 2.5미터인 엄청 크고 멋진 놈이지. 그리고 지질박물관에는 마이아사우라가 있어. 이름이 '착한 어미 도마뱀'이란 뜻이지만 새끼 공룡의 화석이야. 진짜 뼈의 비율이 75퍼센트지.

경남 고성공룡박물관에 전시되어 있는 것은 초식 공룡인 프로토케라톱스와 소형 육식 공룡인 오비랍토르의 진품 화석이야.

목포자연사박물관

세상에서 가장 큰 공룡

더 이상은 못 보겠어.

그래, 우리 그만 여기서 자리를 뜨자.

난 누가 이기는지 보고 싶은데?

소형 육식 공룡이 저렇게 잔인한 줄 몰랐어. 프로토케라톱스가 죽고 말 거야.

그건 아무도 알 수 없잖아? 끝까지 두고 볼 일이지.

누가 이기는지 뭐가 그렇게 중요한데? 빨리 가자. 꾸물거리다간 다른 벨로키랍토르들이 피냄새를 맡고 몰려 올지도 몰라.

에오 말이 맞아. 너무 끔찍해. 얼른 가자.

소형 육식 공룡이 사람의 어른 크기만 한데 대형 공룡은 대체 얼마나 클까?

대형 초식 공룡인 아르헨티노사우루스는 몸길이가 35미터, 체중이 100톤이나 나가지. 마침 저 앞에 있네.

지상 최대의 공룡, 아르헨티노사우루스

지구에 살았던 가장 큰 동물 집단인 공룡. 그 중에서도 꼽으라면 용각류일 거다.

아르헨티노사우루스는 거대 공룡 중에서도 가장 큰 공룡이다. 몸길이가 35미터, 체중은 무려 100톤! 코끼리 20마리에 해당하는 엄청난 무게다. 이 공룡은 새끼들과 함께 20여 마리가 무리 지어 생활했다. 이렇게 큰 아르헨티노사우루스지만 정작 알은 지름이 겨우 20센티미터에 불과했다. 하지만 어른이 된 아르헨티노사우루스의 몸집은 알의 수만 배에 달했다.

이 공룡이 살았던 백악기에는 수많은 육식 공룡들이 있었는데 그 중에서도 가장 큰 사냥꾼 공룡인 기가노토사우루스도 같은 시기에 살았다. 다 자란 성체는 워낙 커서 함부로 덤비지 못했겠지만 아르헨티노사우루스의 새끼들은 육식 공룡들의 표적이 되었을 것이다.

이름에서 알 수 있듯이 이 공룡은 남아메리카의 아르헨티나에서 발견되었다. 그 이후에도 아르헨티노사우루스의 뼈 화석은 아주 부분적으로만 발견되었을 뿐이라 사실 전체 크기나 몸무게에 대해서 다른 의견들도 많다.

최근 진품 화석 비율이 30~40%가 되는 수페르사우루스가 복원되었는데, 몸길이가 33미터에 이르는 이 공룡은 갈비뼈의 길이만 3미터가 넘는다. 부분적인 뼈 화석 몇 개만 발견된 아르헨티노사우루스에 비하면 훨씬 학술적인 의미가 있다고 한다.

아르헨티노사우루스

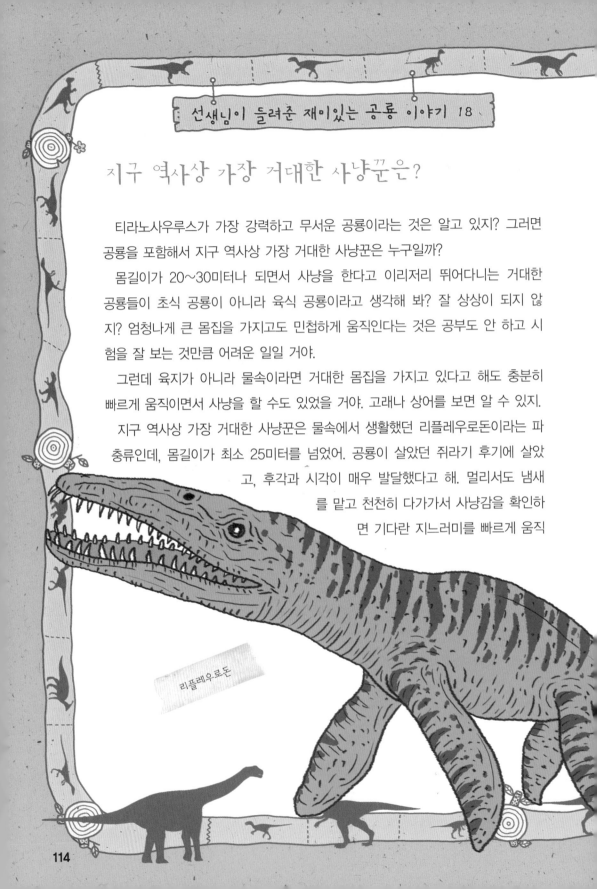

지구 역사상 가장 거대한 사냥꾼은?

티라노사우루스가 가장 강력하고 무서운 공룡이라는 것은 알고 있지? 그러면 공룡을 포함해서 지구 역사상 가장 거대한 사냥꾼은 누구일까?

몸길이가 20~30미터나 되면서 사냥을 한다고 이리저리 뛰어다니는 거대한 공룡들이 초식 공룡이 아니라 육식 공룡이라고 생각해 봐? 잘 상상이 되지 않지? 엄청나게 큰 몸집을 가지고도 민첩하게 움직인다는 것은 공부도 안 하고 시험을 잘 보는 것만큼 어려운 일일 거야.

그런데 육지가 아니라 물속이라면 거대한 몸집을 가지고 있다고 해도 충분히 빠르게 움직이면서 사냥을 할 수도 있었을 거야. 고래나 상어를 보면 알 수 있지.

지구 역사상 가장 거대한 사냥꾼은 물속에서 생활했던 리플레우로돈이라는 파충류인데, 몸길이가 최소 25미터를 넘었어. 공룡이 살았던 쥐라기 후기에 살았고, 후각과 시각이 매우 발달했다고 해. 멀리서도 냄새를 맡고 천천히 다가가서 사냥감을 확인하면 기다란 지느러미를 빠르게 움직

리플레우로돈

여 순식간에 덮쳤을 거야. 게다가 악어처럼 길고 강력한 턱에 물리고도 살아남는 동물은 없었겠지? 그야말로 공포의 대상이었을 거야.

공룡의 몸길이와 몸무게를 어떻게 알 수 있을까?

직접 보지도 않은 공룡의 몸길이와 몸무게는 어떻게 알 수 있을까?

드물긴 하지만 온전한 공룡 화석을 발견한다면 뼈를 모아서 골격을 맞춰 보면 그 공룡의 길이를 알 수가 있지. 하지만 공룡의 화석을 발굴하다 보면 뼈의 일부분만 나오거나 그나마도 조각 난 화석일 경우가 많아. 그럴 때에는 같은 공룡이지만 여러 곳에서 발견한 뼈들을 조합해서 골격을 완성하지. 그런 후에 몸길이를 재는 방법을 이용하기도 해.

공룡의 몸무게를 추정하는 것도 그렇게 어려운 일은 아니야. 먼저 뼈대가 완성된 공룡을 바탕으로 해서 조그맣게 줄인 공룡 모형을 만들어. 그리고 이것을 물속에 집어넣어 넘치는 물의 양을 계산하면 모형 공룡의 부피를 잴 수가 있을 거야. 이제 다시 줄인 비율만큼 늘려서 원래의 공룡 부피를 계산해. 마지막으로 현재 살고 있는 파충류와 몸무게를 비교하면 공룡의 몸무게를 알 수 있어. 간단하지 않다고? 수학 공부를 열심히 하면 그리 어렵지는 않단다.

이렇게 방법 자체는 간단하지. 그렇지만 모형을 축소해서 만들고 부피를 계산하는 과정에서 작은 차이가 생기면 그것을 확대했을 때 아주 큰 오차가 생길 수도 있어. 그렇기 때문에 학자들이 추정한 공룡들의 몸무게가 반드시 맞지는 않을 거야. 대략적으로 몸무게를 가늠할 뿐이지.

19. 깃털 공룡

새들의 할아버지

에이 참! 아르헨티노사우루스는 너무 커서 몸 전체를 볼 수 없잖아.

소형 공룡도 무서워하면서 대형 공룡은 뭐 하러 다 보려고 그래? 나참!

소형 공룡은 육식 공룡이라 사납지만 대형 공룡은 초식 공룡이라 순하니까 그렇지. 내 말이 맞지?

내 맘 알아주는 건 에모밖에 없네.

에모 너, 가만 보면 단비 편만 든다!

내가 언제? 난 항상 중립이라고.

거짓말 마. 나 무지 섭섭하다.

너야말로 편파적이면서 뭘 그래? 네 자신을 알라고!

뭐라고? 내가 편파적이라고?

그만해봐 관흥이 나 땜에 싸우겠다.

너 자꾸 그러면 우리 집에 있는 치즈 몽땅 다 없애 버린다.

치사하게 먹는 걸 가지고.
아이고 치사해, 아이고 치사해.

그럼 나도 이젠 중생대 안내
이걸로 끝이다.

후유, 얘들이 갈수록 가관이네.
너희 자꾸 싸우면 나 그냥
가 버릴 거야.

알았어. 안 싸울게.
에오 화해의 의미로
악수하자.

야, 악수는
나중에 하고 저길 봐.
깃털공룡,
시노사우롭테릭스다.

우아~, 공룡은 파충류인데
어떻게 깃털이 달렸지?

털이 있다는 건 일정하게
체온을 유지할 필요가
있다는 거야.

그렇다면 개나 원숭이처럼
공룡이 항온 동물이라는 거네?

역시 단비는 똑똑하다니까.

이거 봐, 이거 봐. 지금도 핵심은 내가 꼭 집어서 질문했는데도 똑똑한 건 단비라고 말하잖아.

친구 사이에 편이 어딨어. 그럼 이렇게 정리하자.

어떻게?

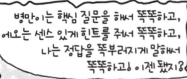
병만이는 핵심 질문을 해서 똑똑하고, 에오는 센스 있게 힌트를 줘서 똑똑하고, 나는 정답을 똑부러지게 말해서 똑똑하고. 이젠 됐지?

뭐가 됐는지는 모르지만 기분은 괜찮네.

우리는 똑똑한 친구들이니까 바보처럼 싸우면서 시간 낭비하지 말자. 알았지?

알았어. 그건 그렇고 저 공룡은 깃털이 있으니 새와 관련이 있지 않을까?

그렇지? 병만이는 입을 열 때마다 정답을 척척 맞힌다니까.

새들은 깃털 달린 공룡의 자손 맞지?

오~, 역시 단비야.

이것 봐. 나는 누구의 편도 들지 않는 중립 맞잖아?

그런가?

공룡의 새로운 발견, 깃털!

병만이의
공룡일기

1996년 중국에서 최초의 깃털 공룡인 시노사우롭테릭스가 발견되기 전까지만 해도 공룡은 현재의 파충류처럼 각질의 표피로 덮여 있을 것으로만 생각했다. 그런데 미크로랍토르나 프로타르카이옵테릭스, 딜롱 같은 깃털 공룡들이 계속 발견되자 '깃털 가진 공룡들'이 있었다는 것을 공식적으로 인정하게 되었다.

공룡에게 깃털이 있었다는 것은 무슨 의미일까? 만약 북극곰에게 털이 없었다면 그 추운 북극에서 살아갈 수 있었을까? 털의 기본적인 기능은 체온 유지이다. 그래서 학자들은 공룡의 몸에 깃털이 있다는 것을 공룡이 항온 동물이었다는 증거라고 생각한다. 털이 있는 파충류는 없으니까.

미크로랍토르
상상화

많은 고생물학자들은 새가 공룡 중 수각류의 자손일 것이라고 생각해 왔다. 공룡과 새의 뼈를 비교해 보면 공통점이 아주 많기 때문이다. 거기에다 깃털 달린 공룡까지 발견되었으니 학자들의 믿음은 더욱 확고해졌다. 깃털의 기능이 우선적으로 체온 유지에 있었지만 일부 깃털 달린 공룡들이 진화를 통해서 날 수 있는 깃털을 가지게 되었다는 것이다.

중국 랴오닝 성에서 발견된 깃털 공룡들은 베이피아오사우루스, 가우딥테릭스, 사페르오르니스, 아비미무스 등이 있다. 이 깃털 공룡들이 수십 년간 계속된 '공룡이 새의 조상인지 아닌지', '공룡이 변온 동물인지 항온 동물인지'에 대한 논쟁을 끝낼 수 있을까?

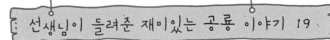

공룡은 파충류? 공룡류?

공룡은 파충류일까? 아니면 파충류와는 독립된 공룡류일까? 일부 고생물학자들은 파충류와 공룡은 서로 다른 종이라고 주장하고 있어.

사람들은 대부분 공룡이 파충류라고 알고 있지. 공룡이 지금 살아 있는 파충류와 많이 닮았고, 무엇보다 파충류의 특징인 알을 낳는 동물이니까 공룡은 파충류라는 것이야. 그러니까 공룡이 변온 동물이라고 생각하겠지?

하지만 일부 학자들은 공룡은 파충류와는 다른 점이 많다는 점을 들며 공룡이 파충류와는 다른 종이라고 주장해. 우선 공룡은 파충류와 달리 다리가 몸통 옆으로 붙어 있지 않고 밑으로 붙어 있다는 거야. 직립이라는 얘기지.

또 공룡의 뼈에는 공기주머니 역할을 할 수 있게 비어 있는 것이 많은데 파충류에게는 그런 것이 없다고 해.

특히 현재 수백 킬로그램 이상 나가는 지구상의 덩치 큰 동물들은 모두 항온 동물인 포유류야. 덩치가 큰 동물이 날씨와 관계없이 계속 활동을 하려면 체온을 일정하게 유지하는 항온 동물이어야 하기 때문이지. 그렇다면 거대한 공룡도 마찬가지여야 하겠지? 공룡 시대에서만 그런 원칙이 반대로 작용되지는 않았을 테니까 말이야. 즉 공룡은 항온 동물이니 변온 동물인 파충류와는 다르다는 거지.

공룡은 공룡류일까? 파충류일까? 현재까지 진행된 연구 결과로는 공룡은 파충류와 조류의 특징을 모두 가진 다른 종류로, 파충류가 아닌 별개의 공룡으로 구분하는 쪽으로 굳어지고 있어.

시노사우롭테릭스

시노사우롭테릭스는 파충류보다는 오히려 항온 동물인 조류에 가깝다.

기이한 모습의 공룡들

백악기 전기에 살았던 초식 공룡 오우라노사우루스는 몸길이 7미터 정도에, 입은 식물을 뜯어 먹기 좋도록 넓적하고 등에는 높이 1미터 정도 되는 돌기가 돋아나 있었어. 이 공룡의 가장 큰 특징은 앞발에 사람 손처럼 다섯 개의 발가락이 달려 있어서 물건을 쥘 수 있었다는 거야.

오리너구리공룡류는 닭의 벼슬처럼 생긴 벼슬이 돋아 있는 공룡들이 많아. 그 중에서도 백악기 후기에 살았던 파라사우롤로푸스는 최대 1.8미터에 이르는 큰 벼슬을 가졌어. 이 벼슬의 기능은 정확히 밝혀지지는 않았지만 숨을 쉴 때 보조 역할을 한 것으로 보고 있어. 또는 소리를 내서 적을 위협하거나 육식 공룡의 공격을 알리는 데 이용했을 것이라고 생각하고 있어. 또 쥐의 이빨과 비슷한 이빨이 수백 개나 박혀 있는 턱을 가지고 있었던 것도 특이한 점이지.

최근 마다가스카르 섬에서 발견된 마시아카사우루스 크놉플레리라는 육식 공룡은 앞으로 향한 이빨이 입 밖에 나 있는 희한한 공룡이야. 안쪽의 이빨은 다른 육식 공룡들처럼 똑바로 서 있는데 앞쪽으로 나올수록 점점 정면으로 기울어져서 맨 앞의 이빨은 정면을 향해 있지. 마치 포크처럼 말이야. 이 이빨로 작은 곤충이나 동물을 푹 찍어서 먹었을 거야.

파라사우롤로푸스

아주 먼 옛날 너희 집 마당에 살던 공룡

이제 곧 통로가 열릴 시간이야.

에이~, 벌써요

그래도 저 언덕 아래에 있는 한반도에 살던 공룡까지 보고 갈 시간은 될 것 같아.

나는야 우리나라에 살았던 공룡, 부경고사우루스!
나는 공룡의 정식 이름 중에서 한글이 붙여진 첫 번째 공룡이야.
나 말고도 지금 내 발 아래에서 나뭇잎을 먹는
코리아케라톱스 화성엔시스와 코리아노사우루스 보성엔시스,
익룡인 해남이크누스가 있지.
아참 한글이 붙여진 이름은 아니지만 초식 공룡을
잡아 먹는 무서운 육식 공룡 타르보사우루스도 있어.
아무리 무섭더라도 내겐 사랑스런 새끼들이 있으니
타르보사우루스를 만나면 꼬리를 휘둘러 물리쳐야지.

야, 너 내 앞에서 알짱거리지 말고 저리로 가서 먹어.

틱!

옥!

아이고, 깜짝이야. 밥 먹을 땐 개도 안 건드린다는데 이게 공룡을 치네.

나 참, 내가 언제 쳤다고 그래? 생사람, 아니 생공룡 잡네. 저쪽으로 가서 먹으라고 말한 것뿐인데.

내 얼굴이 이렇게 멍이 들었는데도 그런 소리가 나와?

미, 미안. 네 몸의 크기가 내 몸에 비해 십분의 일밖에 되지 않는다는 걸 잊었어.

잎을 게 따로 있지 몸의 크기가 다르다는 걸 잊어? 게다가 옆에 있는 너의 새끼들하고 몸의 크기가 비슷한데 그걸 잊었다는 게 말이 돼?

그건 그렇다고 치고. 넌 하필 하고많은 숲 중에 내가 있는 숲에서 나뭇잎을 따 먹지?

넌 키 큰 나무의 나뭇잎을 먹고, 난 키 작은 나무의 나뭇잎을 먹으니까 아무 상관없는 거 아니야?

키 작은 나무의 나뭇잎은 내 새끼들의 먹이니까 어서 비켜.

절대 그럴 수 없어. 이 숲이 네 것도 아니잖아?

퍽!

아이고~

얘들아~, 무슨 일이니?

가만, 너희들 먹이가 같아서 서로 더 먹으려고 싸우는구나? 그렇게 나처럼 조개를 먹으면 이런 일이 생기지 않지. 물속엔 조개가 천지거든.

우린 물갈퀴가 없단 말이야. 지금 너 조개를 잘 잡을 수 있는 물갈퀴 있다고 자랑하는 거니?

푸드득!

왜? 자랑질만 하기 민망해서 도망가나 보지?

얘들아 얼른 도망가~. 타르보사우루스가 다가오고 있어.

새끼들 걸음에 맞추다 보니 금방 따라잡혔어. 아이고, 내 긴 꼬리를 휘둘러 방어하려다 꼬리부터 물리고 말았네. 내가 죽어도 새끼들은 살아야 할 텐데.

아싸~, 이게 웬 횡재야? 새끼도 아니고 어미를 잡았어. 꼬리를 물었으니 방어를 못할 거야. 그 다음 목을 물어서 잡아먹어야지. 오늘은 모처럼 포식하겠네.

아이고, 걸음아 나 살려라.

엄마~.

꽈

한반도는 중생대 공룡의 천국!

병만이의 공룡일기

우리나라에서는 고성뿐만 아니라 전라남도 해남, 여수, 보성, 화순, 경기도 화성, 울산, 부산 등 전국에서 공룡 발자국과 알, 뼈, 피부 화석이 발견되고 있다. 이것을 보면 중생대의 우리나라 지역에 공룡들이 아주 많이 살고 있었다는 것을 알 수 있다.

특히 고성은 5천 개가 넘는 발자국이 확인돼 세계에서 공룡 발자국 화석이 가장 많은 지역으로 인정받고 있다. 크기가 115센티미터나 되는 거대한 용각류 발자국부터 9센티미터밖에 안 되는 새끼 용각류 발자국, 그리고 수각류와 조각류의 발자국까지 매우 다양한 발자국 화석이 발견되고 있다.

고성 공룡 발자국 화석

전라남도 해남에서는 세계에서 가장 큰 익룡의 발자국이 300여 점이나 발견되었다. 또 물갈퀴 달린 새 발자국으로는 세계에서 가장 오래된 것이 1천여 점이 발견되었다. 그리고 모양이 아주 정확한 공룡 발자국 500여 점이 한 지역에서 발견되었는데 이를 통해 당시 공룡의 생태와 환경을 연구할 수 있다.

남해안과 경상도에서 주로 발견되던 공룡 화석이 1999년 경기도 화성 시화호에서도 발견되었다. 이번에는 발자국이 아니라 둥지와 알 화석이었는데, 크기가 50에서 60센티미터 정도 되는 공룡 둥지 20여 개와 알 화석 130여 개가 함께 발견되었다.

한편 1993년 북한은 신의주에서 시조새의 화석을 발견했다. 이것을 '조선시조새'라 이름 짓고 독일의 시조새와는 다른 종류라고 발표했는데 아직 국제적인 인정은 받지 못했다.

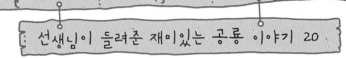
우리나라와 관련된 이름을 가진 공룡

우리나라에서 발견된 가장 대표적인 공룡 화석은 부경고사우루스(천년부경용) 화석이야. 부경대학교 연구팀이 1999년 경상남도 하동군에서 발견한 용반류 초식 공룡이지. 이 공룡은 백악기 후기의 거대한 초식 공룡 티타노사우루스류에 속하는데, 길이는 20미터 정도 되고 목이 길었어. 공룡의 정식 이름 중에서 한글이 붙여진 첫 번째 사례로, 이 공룡 화석을 발견한 부경대학교에서 이름을 따온 거야. 새천년이 시작되는 2000년도에 발표되었다고 해서 '천년부경용'이라고도 불러.

한국이라는 나라 이름이 들어간 공룡은 지난 2010년 인정된 코리아노사우루스 보성엔시스가 있어. 2003년 전라남도 보성에서 발견했는데, 복원하는 데 무려 7년이나 걸렸지. 연구 결과, 이 공룡은 힙실로포돈류의 작은 초식 공룡인데 주로 네 발로 다녔대. 또 땅을 파서 만든 둥지에 알을 낳았을 거라고 추정하고 있어.

공룡은 아니지만 우리나라 지명이 붙은 익룡이 있어. 바로 해남이크누스야. 1996년에 전라남도 해남에서 발자국이 발견되었는데, 날개를 편 길이가 무려 10미터가 넘었을 것으로 짐작하고 있어. 이 익룡의 발에 물갈퀴가 있는 것으로 보아 바닷가에서 생활했던 것 같아. 먹이는 갯벌에

부경고사우루스

흔한 조개나 갯지렁이 같은 걸 잡아먹었겠지. 그런데 해남이크누스의 뼈 화석

은 아직 발견하지 못해서 정확한 모습은 숙제로 남아 있어.

한반도에 기록된 공룡 기네스북!

공룡의 발자국이 많이 발견된 화석지로는 우리나라의 고성이 단연 세계 최고지. 무려 5천여 점이나 발견됐거든. 또 고성에는 뒷발의 크기가 9센티미터밖에 안 되는 새끼 용각류의 발자국 9개가 이어진 모습으로 남은 발자국 화석도 있는데, 세계에서 가장 작은 용각류일 것으로 보고 있어.

또 공룡과 익룡, 새의 발자국 화석이 한 지역에서 함께 발견된 경우는 전 세계에서 우리나라 해남이 유일해. 그것도 한두 개가 아니라 수백 점이 넘게 발견되었어.

전라남도 여수에는 길이가 62미터 이상 연달아 이어진 발자국 화석이 10군데나 발견되었는데, 그 중에는 무려 84미터나 되는 세계에서 제일 긴 보행렬 화석도 찾아 볼 수 있어.

세계에서 가장 큰 익룡의 발자국 화석도 전라남도 해남에 있는데, 발자국의 길이가 무려 20~35센티미터나 되는 아주 큰 녀석이지. 공룡과 달리 익룡의 발자국 화석은 매우 희귀해. 아시아에서는 처음이고, 세계에서 7번째로 발견된 거야.

해남 익룡 발자국 화석

둘리의 엄마와 아빠는 원수지간

우아~ 클로버 무늬 파키케팔로사우루스다.

에이~, 순전히 엉터리 아냐? 클로버 무늬가 있는 공룡이 어디 있냐?

난 또 뭐라고!

클로버 무늬 공룡은 진짜로 있다고. 뭐 믿고 안 믿는 건 자유지만.

뭐 그렇다 치고. 이젠 내 작품을 보시라. 짠~♪

우아~, 어제 본 스테고사우루스다.

이 공룡을 어제 봤다고? 너도 허풍쟁이 한병만 닮아 가는구나.

난 다큐멘터리 얘길 하는 거야. 그리고 병만이 허풍쟁이가 아니라고.

나 참, 병만이가 개 뼈를 공룡 뼈라고 하고 살아 있는 공룡을 찍어 왔다고 뻥치는 거 같이 봐 놓고선.

단비 말이 맞아. 누누이 말했지만 내 얘기는 다 사실이라고. 덩치는 큰데 머리는 정말 나쁘다니까.

뭐? 그럼 내가 머리 나쁘다는 거야?

누가 너더러 그렇대? 네가 그려 온 공룡 말이야. 몸은 크지만 뇌가 작아서 머리 나쁜 공룡, 스테고사우루스잖아?

이상하다. 그림 보고 한 말이라는데 왜 내가 기분이 나쁘지?

쨘? 내가 그린 건 아기 공룡 둘리!

앵? 아기공룡 둘리가 공룡이야?

수철인 아기공룡 둘리도 모르는구나? 둘리는 만화 주인공이고 케라토사우루스가 모델이야.

그럼 둘리 옆에 서 있는 이 공룡은 누구지?

그야 둘리의 엄마지.

하하하~, 웃겨? 둘리는 육식 공룡인데 둘리 엄마는 초식 공룡이라고?

야, 침 튀잖아!

그러고 보니 둘리 엄마는 초식 공룡 브라키오사우루스잖아? 아마 둘리의 진짜 엄마는 따로 있을 거야.

이거 둘리의 진짜 엄마 맞거든.

아하, 그렇다면 아빠는 육식 공룡 케라토사우루스고 엄마는 초식 공룡 브라키오사우루스란 얘긴데. 아~, 이루어질 수 없는 사랑이여~.

그럴 리가 없어. 둘리 엄마에게 뭔가 사연이 있을 거야. 운명적인 사랑이라든가.

아기공룡 둘리의
엄마, 아빠는 누구?

아기공룡 둘리는 1박2일에 나오는 은지원 아저씨가 흉내를 잘 내는 우리나라의 공룡만화 주인공이다. 엄마 아빠가 어렸을 때 영화로도 만들어져 어린이들에게 큰 사랑을 받았다고 한다. 만화에서 둘리는 아직 아기공룡으로, 항상 엄마를 그리워한다. 그렇다면 둘리의 엄마 아빠는 누구일까?

"빙하 타고~내려와~친구들을 만났지만 1억 년 전 그날이 너무나 그리워~."

여기에서 1억 년이라는 것은 오래전이라는 말인데, 대략 1~2억 년 전 사이, 그러니까 쥐라기 중후반과 백악기 전반 사이라는 얘기다. 이 시기에 살았던 공룡 중에 코에 뿔이 하나 있는 공룡은 무시무시한 육식 공룡 케라토사우루스뿐이다. 둘리를 그린 김수정 만화가는 케라토사우루스를 모델로 삼아 둘리를 그렸다고 한다.

그런데 둘리와 둘리 엄마를 잘 살펴보면 뭔가 다른 점을 찾을 수 있다. 둘리는 두 발로 걸어다니고, 목도 짧은 편이며, 코에는 뿔도 있다. 반면에 둘리 엄마는 네 발로 걸어 다니며 목이 무척 길다. 어떤 공룡일까? 바로 거대한 초식 공룡인 브라키오사우루스다.

이렇게 엄마와 아기가 다른 종류의 공룡이 된 것은 김수정 작가가 만화를 연재하는 중에 둘리가 케라토사우루스를 모델로 한 것을 잊어버리고 포근한 이미지의 엄마를 그리려다 그만 브라키오사우루스를 모델로 그려서 그렇게 된 것이란다. 음, 글을 쓰거나 그림을 그릴 때는 집중력이 필요한 것 같다.

케라토사우루스와 브라키오사우루스

케라토사우루스는 '뿔 달린 도마뱀'이라는 뜻을 가진 쥐라기 후기의 육식 공룡이야. 두 발로 걸었고 몸길이는 6미터, 몸무게는 1톤 정도였을 것으로 추정해. 이 공룡의 가장 큰 특징은 코 부분에 1개의 뿔이 있다는 거야. 여러 개의 뿔이 있는 공룡은 다수 있지만 머리에 한 개의 뿔이 있는 공룡은 케라토사우루스뿐이지.

이 뿔은 어떤 역할을 했을까? 그것은 아직 분명히 밝혀지지 않았어. 다만 다른 육식 동물에 대항하기 위한 무기의 기능, 또는 암컷을 차지하기 위한 수컷들의 싸움 도구였을 것으로 생각하고 있지.

케라토사우루스는 튼튼한 아래턱을 가지고 있었고, 몸에 비해 큰 두개골로 보아 머리가 좋았을 것으로 생각돼. 강인한 턱과 날렵한 몸을 가진 영리한 포식자라면 쥐라기 후기의 골목대장 노릇쯤은 했을 거야. 그런데 왜 골목대장밖에 못했을 거라고 하냐고?

케라토사우루스

　왜냐하면 케라토사우루스가 살았던 쥐라기에는 알로사우루스라는 절대 강자가 살고 있었기 때문이야. 몸 크기나 공격성 등에서 케라토사우루스는 상대가 되지 못했을 거야.

　한편 둘리의 엄마 모델이 된 브라키오사우루스는 가장 거대한 공룡 중의 하나야. 몸길이는 23미터, 몸무게는 무려 80톤에 이르렀다고 해. 이 공룡의 화석이 발견된 초기에는 브라키오사우루스가 긴 목을 이용해 물 위로 코를 내밀어 숨 쉬고, 작은 물고기를 잡아먹으면서 생활했을 것으로 추측했어. 왜냐하면 80톤이나 되는 엄청난 몸무게를 유지하려면 물속에서 살 수밖에 없을 것이라고 생각한 거야. 그러나 최근의 연구를 통해 브라키오사우루스의 폐는 수압을 견뎌내지 못하는 것으로 밝혀졌어.

　브라키오사우루스의 특징은 뒷다리보다 앞다리가 길다는 거야. 이름의 뜻인 '팔도마뱀'도 여기에서 나왔지. 기린을 닮은 긴 앞다리와 곧게 뻗은 목은 아마도 높은 곳에 있는 나뭇잎을 먹기 위해 진화된 것으로 보여.

브라키오사우루스

22. 공룡의 친구들 - 익룡

하늘을 나는 파충류

병만이네 집.

살금 살금

수철이 편을 들며 둘리 엄마가 가짜랄 땐 언제고 같이 공룡을 보러 가재?

쉬~, 조용히 해. 우리 엄마 듣겠다. 그리고 내가 언제 수철이 편을 들어? 네 편 들었지.

아 참, 엄마한테는 비밀이지.

너 또 내 치즈 훔쳐 먹냐? 봐 주는 대신 오늘은 더 멋진 공룡을 보여 줘야 해.

오늘도 단비랑 가려고? 잠깐 기다려. 이거 다 먹고 가자.

빨리 가야 여러 공룡을 만나지. 치즈는 가서 먹고, 자 출발~

뻥!

우아~,
익룡이다. 익룡은
난생 처음 봐.

나도ㅇ

저기 날고 있는 게 쥐라기 익룡 람포린쿠스야.
익룡은 크게 두 가지 종류로 나누는데
람포린쿠스는 람포린쿠스류의 익룡이야.
람포린쿠스류 익룡은 트라이아스기와
쥐라기에 살았던 초기 익룡이야.
날개를 편 길이가 2미터이고 부리는 가늘지만
이빨이 있어서 물고기를 잡아 무는 데 유리했지.

하늘을 나는 파충류, 익룡

맨 처음 하늘을 날았던 동물은 곤충이지만 최초로 하늘을 지배한 동물은 익룡이었다. 하늘을 날아다니는 파충류인 익룡은 공룡이 아니다.

익룡은 트라이아스기와 쥐라기에 살았던 람포린쿠스류와 주로 백악기에 살았던 테로닥틸러스류 이렇게 두 종류로 나눈다. 하지만 두 종류에는 속이 비어 있는 뼈, 날개로 변한 앞발, 긴 목과 짧은 몸, 그리고 긴 뒷다리와 작은 엉덩이뼈, 피막으로 된 날개와 같은 익룡의 공통적인 특징이 있다.

람포린쿠스류는 공룡이 나타나기 전인 트라이아스기 중기에 처음 나타났다. 날개폭이 40센티미터에 불과한 종류부터 1.8미터에 이르는 종까지 다양한데 이들은 보통 꼬리가 길고 머리가 자그마하다.

테로닥틸러스류는 좀 더 진화된 익룡으로 머리와 목은 더 커지거나 길어졌고, 꼬리는 짧아졌다. 짧아진 꼬리는 몸을 더 가볍게 하여 좀 더 쉽게 날아오를 수 있게 변화된 것일 거다. 이 종류 중 잘 알려진 익룡은 머리에 볏이 있는 프테라노돈인데, 날

람포린쿠스류

개폭이 9미터나 되는 커다란 몸집에 이가 없는 것으로 보아 큰 부리로 물고기를 잡아먹었을 것으로 보인다.

녀석들의 화석은 시조새 발굴 지역인 독일의 졸른호펜에서 많이 발견되었다. 이 지역에서 발견된 화석들은 보존 상태가 좋은 것이 많아서 어떤 것은 날개 피막의 흔적과 식생활의 흔적이 남아 있을 정도다.

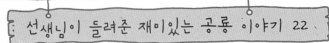
익룡은 어떻게 날았을까?

진화는 우연을 수없이 반복하다가 발생하는 것이 아닐까? 파충류가 날 수 있는 능력은 어떻게 생겨났을까?

익룡이 공룡으로부터 진화했다고 생각하는 고생물학자들은 달리거나 뛰다가 비행 능력을 키워 갔다고 주장하고 있어. 사냥감을 쫓아가는 상황이나, 난폭한 사냥꾼에게서 달아나야 하는 상황에서는 빠르게 달릴 수밖에 없었을 테고 때로 장애물이 나오면 뛰어넘는 일이 반복되었을 거야. 그러다 보면 날개를 휘저어 공중에 머물러 있는 시간을 늘리려고도 했겠지. 이런 행동이 수없이 반복되다가 날개가 비로소 날 수 있는 기능을 갖추게 되었을 것으로 생각해.

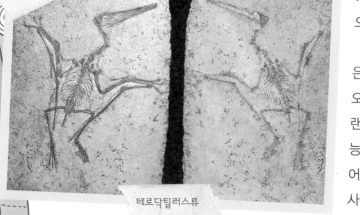

테로닥틸러스류

반면 행글라이더처럼 높은 데서 뛰어내려 비행해 오다 날갯짓을 습득하고 오랜 시간 날아 다닐 수 있는 능력을 키웠다는 견해도 있어. 처음에는 나무와 나무 사이를 뛰어 이동하거나 날아 다니는 곤충을 잡아먹으려고 뛰었다가 땅으로 내려오는 동작이 계속되면서 날개막이 발달되고 비행 능력도 커져 갔다는 얘기지.

어느 주장이 맞을까? 친구들은 어떻게 생각하는지 한번 토론해 보렴.

익룡과 박쥐와 새의 날개는 어떻게 다를까?

익룡과 박쥐와 새의 공통점은 무엇일까? 날 수 있는 동물이라고? 맞아. 그런데 그것 말고 좀 더 과학적으로 말하자면 뭘까? 비행 동물이라고? 알을 낳는다고? 박쥐는 포유류인데? 조금 어렵게 생각되지만 알고 보면 간단해.

세 종의 공통점은 바로 척추동물이라는 거야. 동물은 척추동물과 무척추동물로 나눌 수 있는데 오징어, 가재, 거미, 파리처럼 등뼈가 없는 동물을 무척추동물이라고 하고, 익룡과 박쥐와 새처럼 등뼈가 있는 동물을 척추동물이라고 해.

그럼 이 세 동물이 공통적으로 갖고 있는 날개의 차이점은 무엇일까? 이건 좀 어려울 거야. 그럼 잘 들어봐.

익룡은 네 번째 손가락이 매우 긴데, 그 손가락 끝과 몸통, 다리까지 피부막으로 된 날개가 연결되어 있어. 박쥐 역시 피부막으로 된 날개를 가지고 있기는 하지만 길게 뻗은 네 손가락이 마치 부채살처럼 막을 지탱하고 있는 모습이지.

반면에 새는 손가락이 갈라져 있지 않고 하나로 모여 있는데 거기에 피부막이 아니라 깃털들이 연결되어 있어서 비행 능력과 체온을 유지하는 데 훨씬 유리한 조건을 갖고 있어.

박쥐의 날개

괴물이 우글거리는 바다

이제 갔을까?

밖이 조용한 걸 보니 간 것 같은데.

그래도 혹시 모르니까 병만이 네가 나가 봐.

왜 하필 나야?

그럼 여자인 단비가 나가냐, 아님 작고 여린 내가 나가냐?

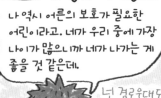

나 역시 어른의 보호가 필요한 어린이라고. 네가 우리 중에 가장 나이가 많으니까 네가 나가는 게 좋을 것 같은데.

넌 경로우대도 모르냐?

벌떡!

그만들 좀 해라. 내가 나갈 테니.

야야 앉아. 아직 안 갔으면 어쩌려고 그래?

확! 비틀

아이, 아파! 프테라노돈은 벌써 갔다고. 하늘에 아무것도 없이 조용한걸.

쿵!

어이쿠! 우릴 먹이라고 생각하나 봐. 얼른 도망치자. 수면 위로 올라가면 안전할 거야.

후유~, 다행이다. 옵탈모사우루스를 간신히 피했네.

저거 봐. 기린이 물속에서 나왔어.

저건 기린이 아니고 수장룡 엘라스모사우루스야. 목의 길이가 무려 8m나 돼서 우리가 아는 기린보다 목이 훨씬 더 길어. 수장룡은 기다란 목이 특징이고 악어처럼 생긴 넓은 몸통과 꼬리를 가지고 있지. 어룡은 돌고래처럼 꼬리 지느러미를 움직여 헤엄쳤고 수장룡은 펭귄이나 거북처럼 앞 지느러미를 노처럼 사용하여 헤엄쳐 다녔어.

그런데 잠수함 밑바닥은 안전할까 몰라.

수장룡 중에는 목이 짧은 크로노사우루스가 있어. 이빨로 무는 힘이 티라노사우루스보다 더 세. 머리의 크기가 3m나 되는 이 수장룡은 백악기 바다에서 가장 무서운 파충류일걸. 그 놈만 나타나지 않으면 관찮을 텐데.

저 녀석 내가 다가가는 줄 알기나 하듯 말하네.

서로 다른 모습으로 진화한 어룡과 수장룡

중생대의 지구는 파충류를 빼놓고서는 말할 수 없다. 하늘의 지배자 익룡, 그리고 바다의 난폭한 사냥꾼인 어룡과 수장룡 모두가 파충류였으니까. 그야말로 온통 파충류 세상이었다.

육지에서 생겨났는데 바다로 들어가 살았던 파충류들이 있었다. 아무래도 물속에서는 몸을 움직이기가 쉽고 몸집을 키우기에도 좋았기 때문일 것이다. 이 파충류들이 진화한 것이 바로 어룡과 수장룡이다.

메소사우루스는 육지와 바다에서 모두 살 수 있었으며 발에 물갈퀴가 생겨나기 시작한 원시 파충류다. 바로 어룡과 수장룡의 조상이라고 할 수 있다.

물고기와 비슷한 생김새로 진화한 파충류가 어룡이다. 돌고래와 비슷하게 생겼지만 꼬리지느러미가 돌고래와 달리 세워져 있다. 돌고래처럼 꼬리지느러미를 움직여 헤엄쳤고 눈이 크고 시력이 좋아 깊은 바다에서도 잘 볼 수가 있었다. 그리고 비늘의 흔적은 발견되지 않았다.

수장룡은 물고기 모습으로 진화한 어룡과는 달리 육상 생활을 하는 파충류의 모습을 고스란히 간직한 채 진화했다. 헤엄칠 때는 어룡처럼 꼬리지느러미를 이용하지 않고, 펭귄이나 거북이처럼 앞지느러미를 노처럼 사용해 헤엄쳐 다녔다.

서로 다른 모습으로 진화했지만 둘다 육상 파충류와 같이 폐호흡을 했다. 그래서 숨을 쉬기 위해서는 물 밖으로 머리를 내밀어야만 했다.

어룡 화석

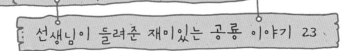
어룡의 대표선수 이크티오사우루스

유선형의 몸과 긴 주둥이, 큰 눈, 그리고 꼬리지느러미가 특징인 어룡의 대표는 이크티오사우루스인데 겉모습이 이름처럼 어류와 매우 비슷해. 네 다리는 물속에서 생활하기 좋게 지느러미로 변했지만 헤엄칠 때 돌고래처럼 꼬리지느러미를 주로 이용했지. 이 어룡의 화석 중에는 몸 안에 새끼 어룡의 뼈가 있는 채로 발견된 것이 있어. 처음에는 작은 어룡을 잡아먹었다고 생각했으나 요즘에는 새끼를 낳다가 죽은 것이라는 견해가 지배적이야.

지름이 10센티미터나 되는 큰 눈을 가진 옵탈모사우루스, 턱이 아주 길고 입의 앞부분에만 이빨이 나 있는 쇼니사우루스도 잘 알려진 어룡이지.

물속의 거대한 괴물 수장룡

수장룡은 현대에도 목격된 것으로 유명해. 네스 호의 괴물이 바로 그것이지. 기다란 목과 악어처럼 생긴 넓은 몸통과 꼬리를 가진 네스 호의 괴물은 수장룡의 특징을 그대로 보여주고 있지.

수장룡 상상화

수장룡은 크게 두 가지로 나뉘는데, 긴 목을 가진 플레시오사우루스류와 목이 짧은 플리오사우루스로 구분하고 있지. 하지만 모두 다 난폭한 사냥꾼이라는 것은 분명해.

트라이아스기 초반에 살았던 노토사우루스는 육지에서 활동하기에는 네 발이 아주 빈약해서 주로 물속에서 살았던 것으로 보이고, 매우 기다란 목은 이들이 수장룡의 조상임을 짐작하게 해 주지.

처음 화석을 발견했을 때 머리를 꼬리에 붙여 복원한 실수를 하기도 한 공룡은 엘라스모사우루스야. 8미터나 되는 긴 목은 무려 75개의 뼈로 연결되어 있고 수장룡 중 몸의 길이가 가장 길지.

이빨로 무는 힘이 센 크로노사우루스는 목이 짧은 수장룡류의 대표선수지. 3미터나 되는 큰 머리를 가진 이 수장룡은 백악기 바다에서 가장 무서운 파충류였을 거야.

파충류의 조상, 세이모리아

3억 년 전쯤 나타난 세이모리아는 양서류로 육지와 물속을 오가며 생활했어. 굵고 튼튼한 네 다리와 수분 증발을 막아 주는 피부를 보면 파충류로 진화하는 중간에 있는 동물이라는 것을 짐작하게 해 주지.

특히 세이모리아는 몸은 파충류의 특성을 가지고 있는데, 머리는 양서류의 형태를 하고 있었어.

이 녀석은 육지에서 주로 생활하다가 짝짓기를 하고 나면 물로 돌아가서 알을 낳았을 것으로 짐작하고 있어. 잘 보존된 화석 중에는 세이모리아의 올챙이 화석도 있대. 3억 년 전의 올챙이라고 하니, 할아버지 올챙이라고 해야 하나?

세이모리아

점심 메뉴는 티라노사우루스 알

너 허풍이구나ㅎ 너도 빨리 뛰어. 크로노사우루스가 나타났다고.

이 바보야. 크로노사우루스는 물 밖으로 나오지 않잖아ㅎ

끼이익

맞아! 그렇지!

끼이익

에이~, 괜히 뛰었잖아. 근데 넌 누구니ㅎ

나는 백악기 포유류, 에오마이아야. 너희 인류의 조상이라고나 할까ㅎ 물론 공룡이 처음 살았던 때의 포유류 아데로바시레우스나 쥐라기의 라오레스테스보다 훨씬 더 진화됐고 말이지.

저 허풍쟁이가 내 친구라니 창피해서 원. 백 배는커녕 열 배도 진화하지 못했는데.

그러니까 네가 누군데 우리 앞에서 잘난 척하는 거냐고ㅎ

아 얘, 여태 인사를 안 했구나. 얘는 내 친구 형풍이야. 인사해.

형풍이? 그냥 허풍이라고 하지.

난 백악기의 큰형님, 형풍이라고 해. 나와 인사를 나누는 걸 영광으로 생각하도록. 근데 뭐 먹을 거 없냐ㅎ 아, 배고파ㅎ 빨리 점심 먹자.

여기 도대체 뭐가 있다고 점심을 먹자는 거야ㅎ

나 먼저 가서 알 먹고 있을 테니 뒤따라 와라.

다다다다

공룡 시대에는 어떤 포유류가 살았을까?

사람을 비롯한 모든 포유류의 조상이 쥐라고 한다. 진짜 기분 별로다. 그런데 진짜로 포유류의 조상은 몸길이가 고작 10센티미터밖에 안 되는 데다 생김새도 영락없이 쥐와 같은 아데로바시레우스란다. 공룡과 비슷한 시기에 나타난 이 녀석은 어마어마한 공룡 틈에서 살아남아서 우리 인간으로 진화했다.

아무튼 인간의 모습까지 되려면 엄청난 시간이 걸렸을 텐데, 아데로바시레우스가 나타난 지 7천만 년이 흐른 쥐라기 후기, 포유류는 얼마만큼 진화했을까? 공룡과 먹이다툼을 할 수 있을 정도로 성장했을까? 아니면 공룡 밑에서 골목대장을 하고 있었을까? 답부터 말하자면 쥐라기의 포유류 라오레스테스는 아데로바시레우스와 비교해서 거의 진화가 없었다고 한다. 공룡은 수십 미터로 거대해지기도 하고 종류도 다양해졌는데, 포유류는 겨우 5센티미터 정도 커졌을 뿐이다. 어휴, 이러다 언제나 인간이 되나?

하지만 포유류는 그 기간 동안 정말 중요한 진화를 이뤄냈다. 이 시기 포유류인 라오레스테스의 화석을 보면 듣는 능력이 발달했음을 알 수 있다. 청력은 시력과 달리 밤에 활동하는 데 도움을 주기 때문에 매우 중요하다고 한다. 밤에 활동함으로써 포식자인 공룡의 위험을 피할 수 있으니까. 공룡은 주로 낮에 활동하니 말이다. 또 시력만이 아닌 소리를 통해 들어오는 정보도 처리해야 했으니까 뇌도 발달했을 것이다. 생존에 더 유리한 쪽으로 진화한 셈이다.

백악기가 되자 에오마이어라는 포유류가 등장했다. 크기는 15센티미터 정도에 나무에서도 살았을 가능성이 높다. 에오마이어는 어금니가 진화되어 잘 씹어 먹을 수 있게 되자, 훨씬 더 많은 것을 꼭꼭 씹어 먹어서 더 많은 영양분을 흡수해 뇌의 크기도 커져서 이전의 포유류보다 더 똑똑해졌다. 또한 포유류의 주요 특징 중 하나인 태반이 생기는 최초의 시기에 있었던 중요한 동물이기도 하다.

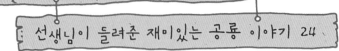

포유류와 파충류의 잃어버린 고리

모든 생물에게는 주어진 환경에서 적응하고 살아남기 위해서 변화해 가려는 본성이 있어. 아주 오랜 기간, 수많은 세대를 거치면서 그 생물 집단이 전체적으로 특성을 변화시켜 새로운 종으로 다시 탄생하는 것을 '진화'라고 해.

파충류가 어느 날 갑자기 포유류로 되지는 않았겠지? 파충류 중의 어떤 종이 오랜 세월을 거쳐 자연환경에 적응하면서 포유류가 되었을 거야. '진화론'이 맞다면 종과 종 사이에 진화의 과정을 증명해 주는 동물이 있어야 하는데, 왜 그런지는 몰라도 그런 화석들은 찾아내기가 힘들어. 이렇게 생물의 진화 과정에서 화석 기록이 있어야 하는데 발견하지 못한 생물종을 '잃어버린 고리'라고 하지. 잃어버린 고리는 생물을 연구하는 데 중요한 의미를 갖고 있기 때문에 많은 고생물학자들이 찾으려고 애를 쓰고 있어.

트리낙소돈은 공룡이 나타나기 전인 트라이아스기 초기에 살았던 고양이만 한 파충류야. 그런데 젖을 분비하는 젖샘의 흔적이 있고 아주 추운 남극 가까이에서 살았던 것을 보면 항온 동물이었을 가능성이 크지.

그래서 많은 학자들은 트리낙소돈을 파충류와 포유류 사이의 잃어버린 고리 중 하나라고 생각하고 있어.

트리낙소돈

초기 포유류는 어떻게 새끼를 낳았을까?

최초의 포유류인 아데로바시레우스는 알을 낳아 자손을 번식시켰어. 그러다가 캥거루처럼 애기주머니에서 새끼를 키우는 시대로 발전해. 이런 종류를 '유대류'라고 해. 그 다음 가장 발전한 것이 몸속에 태반이 있어 새끼를 자기 몸속에서 충분히 키워 낳는 형태야. '유태반류'라고 하는데, 대부분의 포유류가 여기에 해당하지.

그런데 공룡이 활보했던 백악기에 이런 두 가지 형태의 번식 방법이 다 등장했어. 시노델피스라는 포유류는 캥거루의 조상이고, 에오마이어는 뱃속에서 키워 낳는 포유류의 조상인 셈이야.

포유류는 왜 새끼를 낳는 방식을 진화시켜 왔을까? 아마도 공룡 때문일 거야. 공룡과 맞서 싸우기에는 너무도 힘이 부족하니 새끼들을 잘 낳아서 언젠가는 공룡을 이겨 주기를 바라면서 자식들에게 정성을 쏟은 것이 아닐까?

공룡을 잡아먹는 포유류, 레페노마무스

공룡 시대의 포유류 중 가장 큰 녀석은 백악기 전기에 나타난 레페노마무스야. 녀석들은 50센티미터 정도만 했지. 어떤 녀석은 1미터가 넘기도 했대.

레페노마무스의 화석은 중국에서 발견되었는데, 초식 공룡인 프시타코사우루스의 뼈도 같이 발견되었어. 바로 레페노마무스의 위 부분에서 말이지. 학자들은 놀라서 화석들을 자세히 분석했어. 그런데 레페노마무스의 뼈는 거의 훼손이 없었고 프시타코사우루스의 뼈는 으스러진 상태였지. 포유류인 레페노마무스가 공룡인 프시타코사우루스를 먹이로 삼았다는 것이지. 포유류와 공룡의 관계가 새로운 단계로 접어들었다는 것을 보여주는 것 아니겠어?

공룡 다리 사이에서

나래초등학교.

오늘 김단비가 사정이 있어서 학교에 오지 못했단다. 하루 빨리 사정이 좋아져서 함께 공부할 수 있었으면 좋겠구나.

단비가 어제 집으로 돌아오지 않아서 경찰에 실종신고를 했다던대요?

후유~, 수철이는 벌써 알고 있었구나.

단비 엄마가 밤새도록 단비 찾으러 다니다가 오늘 아침에 쓰러지셨대요.

울지 마. 무슨 일이 있는지 몰라도 단비는 똑똑하니까 꼭 무사히 돌아올 거야.

선생님 같은 반 친구가 사라졌다는데 가만히 있으면 친구의 도리가 아니라고 생각합니다. 수업 대신 단비를 찾으러 나가면 좋겠습니다.

지금은 수업 시간이니 수업이 끝나고 찾아보도록 하자꾸나.

선생님 그 사이에 단비에게 무슨 일이 생기면 어떻게 해요?

아, 알았다. 교장 선생님께 말씀드려서 단축수업을 허락 받고 찾아보도록 하자ㅎ

대신 수업시간이 짧은 만큼 공부는 곱절로 열심히 하는 거다ㅎ

네에~!

선생님께 말씀드려도 믿지 않으실 테니 말도 못하고. 단비는 어디로 사라진 걸까ㅎ

시공간의 통로가 열리는 시간이 수업시간이라 걱정했는데 마침 잘 됐다. 이따가 친구들과 단비를 찾는 척하다가 집으로 달려가서 쥐생쥐로 다시 가야지.

후유~, 친구들을 겨우 따돌렸네. 늦지 않았지ㅎ

기다리다 목 빠지는 줄 알았어.

미안, 빨리 가자.
휘익

뿅!
쿵-

이런 티라노사우루스 알 둥지로 떨어졌어야 하는데. 굵은 나무 기둥만 있는 곳이라니.

153

이건 나무 기둥이 아니라 거대 공룡 아르헨티노사우루스의 다리야.

이 거대한 기둥이 공룡 다리라고?

움직이지 마. 우리는 지금 공룡 다리 사이에서 있으니 공룡이 조금만 움직여도 밟히고 말 거야.

그럼 어떡하지?

슈우웅~

휙

이럴 줄 알고 가져 온 게 있지.

이 정도면 탱크가 지나가도 끄떡없을 거야. 이 안에 숨자.

뭐야? 지하실에 있던 종을 가져 왔어?

후유~, 진땀나네. 거대 초식 공룡은 어떻게 해서 저렇게 덩치가 커진 거야?

중생대의 식물들은 너희들이 사는 시대의 식물들보다 크기는 커도 영양분이 적어. 그래서 엄청나게 많은 양을 먹다 보니 저렇게 커졌지 무어야.

공룡은 왜 몸집이 거대해졌나?

아르헨티노사우루스, 세이스모사우루스, 수페르사우루스 같은 공룡들은 모두 몸길이가 30미터가 넘고, 몸무게도 40톤이 넘을 것으로 학자들은 추정하고 있다.

공룡들은 다들 이렇게 거대했을까? 물론 모든 공룡들이 다 이렇게 크지는 않았다. 오히려 공룡들의 평균 크기는 지금의 동물들보다도 작았을 것이라는 주장이 더 많다. 왜냐하면 큰 공룡의 수보다 작은 공룡들의 숫자가 훨씬 더 많았기 때문이다. 콤프소그나투스처럼 키 50센티미터에 3~4킬로그램밖에 안되는 작은 공룡들도 많이 있었으니까.

몸집이 거대해진 공룡은 주로 초식을 하는 용각류 공룡인데 이들이 거대해진 데에는 여러 가지 이유와 주장이 있다. 먼저 살아남기 위해서 커졌다는 것이다. 중생대의 식물들은 현재의 식물들보다 영양분이 적어서 많이 먹을 수밖에 없었단다. 그러다 보니 소화기관과 몸집도 함께 커진 거다.

또 다른 이유로는 다른 초식 공룡과 먹이다툼을 했기 때문이라는 거다. 더 많은 먹이를 먹으려면 덩치가 큰 것이 보다 유리했을 테니 말이다.

그리고 마지막으로 티라노사우루스와 같은 무서운 사냥꾼으로부터 자신을 보호하기 위해서 몸집이 커졌을 거라는 것! 특별한 무기도 없고, 동작도 날렵하지 못한 초식 공룡으로서는 몸집을 키우는 것만이 육식 공룡으로부터 가족들을 지킬 수 있는 수단이었을 테니까.

수페르사우루스

155

공룡은 긴 목으로 어떻게 숨 쉬고, 혈액을 머리로 보냈을까?

거대한 공룡 중 브라키오사우루스 같은 공룡은 목의 길이만 해도 10미터가 넘는다고 해. 이렇게 긴 목을 지나 머리까지 혈액을 공급하고, 산소를 흡입하려면 뭔가 특수한 호흡기관 같은 것이 필요하지 않았을까?

브라키오사우루스

큰 몸집을 가진 용각류 공룡들은 새들처럼 뼈 안에 공기주머니(기낭)가 있어 숨 쉬는 것을 도와주는 역할을 했다는 주장이 있어. 가운데가 비어 있는 새의 뼈는 진화의 결과로, 습도를 조절하거나 몸을 가볍게 하여 나는 데 도움을 주는 역할을 하고 있어. 하지만 중생대의 거대한 공룡들은 이 공기주머니를 이용하여 많은 공기를 폐로 보내고 이산화탄소를 배출하였을 것으로 생각하고 있지. 또한 한 번 숨 쉬고 30분을 물속에서 견딜 수 있는 고래처럼 폐활량이 엄청나게 큰 폐도 갖고 있었을 것으로 추정하고 있어.

기린은 심장에서 멀리 떨어져 있는 머리에 신선한 피를 공급하기 위해서 사람보다 혈압이 2배나 높고 숨도 훨씬 더 자주 쉰대. 멀리 있는 곳까지 산소를 전달해야 하니까 그렇겠지? 그렇다면 10미터도 넘는 긴 목을 갖고 있는 공룡은 얼마나 빨리 숨을 쉬어야 했을까? 천천히 숨을 쉬었다가는 산소가 부족해서 기절했을지도 몰라. 정말 공룡에게는 숨 쉬는 것도 운동만큼 힘든 일이었을 거야.

공룡을 살찌게 한 이산화탄소

공룡이 살았던 시대에는 요즘과 비교하면 공기 중 이산화탄소의 농도가 굉장히 높고, 기온도 훨씬 따뜻했어. 식물이 크게 자라는 데 아주 좋은 조건을 갖춘 셈이지. 그런데 높은 이산화탄소의 농도로 인해 식물은 빠르게 자라지만 반대로 영양가는 많지 않아서 식물을 먹이로 했던 공룡들은 그만큼 많은 양을 먹어야 했다고 해. 실제로 이산화탄소의 농도가 많은 곳에서 나무를 키우는 실험을 해 보니 벌레들이 나뭇잎을 아주 많이 갉아먹었다는 실험 결과가 나와 그것을 증명해 주고 있지.

그러니까 공룡 시대의 높은 이산화탄소 농도는 식물들을 크게 자라게 했지만 영양은 부족하게 한 거야. 따라서 공룡들은 아주 많은 먹이를 먹어야 살아가는 데 필요한 에너지를 얻을 수 있었지. 그렇게 하루의 대부분을 먹고 있으니 살이 안 찔 수가 있었을까?

알을 버리고 튀어라!

밥도 못 먹고 걷다 보니 너무 배가 고파.

그러게 나처럼 애벌레를 먹으라니까.

아무리 배가 고파도 그건 도저히…….

으~, 꿈틀꿈틀 벌레. 생각만 해도 징그러워!

저기 좀 봐! 저기 공룡 알 둥지가 있어.

어디 어디?

둥지 주변엔 어미뿐만 아니라 알을 노리는 동물들이 있으니 조심해야 돼.

난 지금 배가 고파 눈에 보이는 게 없다고.

다다다다

이야!

슬라이딩

이야~, 맛나겠다.

아, 안 돼! 그건 먹으면 안 돼!

왜 안 돼? 더 이상 참을 수 없어.

안 돼. 먹지 마.

앙!

팔짝

팔짝

이 알은 새끼를 잘 돌보는 착한 공룡인 마이아사우라의 알이야. 알이 없어진 걸 알면 어미가 얼마나 찾겠어.

단비야, 대체 어디로 간 거니?

단비 엄마처럼?

그래. 그러니까 먹지 말고 그냥 지나가자.

단비 엄마처럼 단비도 엄마가 보고 싶겠지? 단비야, 미안해. 내가 널 꼭 찾을게.

알아, 너를 먹으려 해서 미안해.

찌지지직

어? 들었어? 알이 부화하는 소리?

알이 부화하는 소리가 아니라 어미가 나뭇가지를 밟는 소리야. 어미가 나타났어. 도망쳐!

쿵!

쿵!

쿵!

크앙

어이쿠, 사람 살려.

크앙

그런데 왜 나만 쫓아오지?

후다닥

네가 들고 있는 알 때문이야. 알을 둥지에 다시 넣어 줘야 해.

간신히 둥지에서 멀어졌는데 다시 둥지로 가라고? 말도 안 돼.

그럼 알을 공이라고 생각하고 둥지 안으로 던져.

그러다가 잘못해서 알이 깨지면 어떡해?

내 알 내놔!

둥지 안에 나뭇잎이 두껍게 깔려 있으니까 정확히만 던지면 괜찮을 거야.

이렇게 된다는 말이지!

휙

만약 이렇게 된다면?

그건 안 돼. 내가 던진 알뿐만 아니라 다른 알도 깨지고 말 거야.

알을 훔쳐 먹자고 할 땐 언제고 알이 깨질 걱정은 왜 해? 어미한테 밟혀 죽고 싶지 않으면 그냥 휙~ 던져.

그건 그거고. 알을 깨뜨릴 순 없어. 둥지로 슬라이딩

아가야~, 어미 품으로 돌아가렴.

네 알 돌려 줬잖아. 왜 계속 쫓아와?

우리 아기 무사히 돌려 줘서 감사의 뜻으로 보답해 주려고.

공룡의 알은 얼마나 발견되었을까?

처음으로 발견된 공룡 알 화석은 힙셀로사우루스 알의 껍데기였다. 그런데 학자들은 1859년 프랑스에서 발견된 이 알 화석이 익룡이나 악어의 알 껍데기라고 생각했다. 공룡의 알이라고 생각하기에는 크기가 너무 작았기 때문이다.

온전한 공룡 알 화석과 둥지는 1923년에 몽골의 고비 사막에서 처음으로 발견되었는데, 지금은 전 세계 200여 곳에서 공룡 알 화석을 볼 수가 있다. 미국, 중국, 몽골, 인도에서 가장 많이 찾을 수 있고, 우리나라에서도 경기도 시화호 주변, 전라남도 보성, 그리고 공룡 발자국 화석이 많이 있는 경상남도 고성에서 한꺼번에 많은 알 화석이 발견되었다.

공룡 중에 '알도둑'이라는 뜻을 가진 오비랍토르라는 공룡이 있는데, 이 공룡의 화석은 프로토케라톱스의 알일 것이라고 생각하던 알 화석 위에서 발견되었다. 나중에 그 알이 프로토케라톱스의 알이 아니라 오비랍토르의 알이라는 것이 밝혀져서 오해는 풀렸지만 아직도 이름은 그대로란다.

공룡 알 화석이 중요한 것은 알 화석과 함께 발견되는 태아 화석 때문이다. 공룡 알 화석만 발견하면 대부분 어떤 공룡의 알인지 알기가 힘들지만 태아 화석을 분석해 보면 어미공룡은 물론 공룡의 성장에 대해서도 알 수 있기 때문이다. 하지만 태아 화석은 알 화석의 10%에도 못 미치게 발견된다.

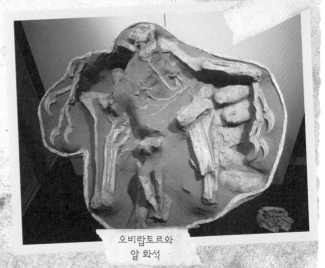

오비랍토르와
알 화석

161

공룡 알은 얼마나 클까?

공룡 알은 크기가 얼마나 될까? 어미의 몸집을 생각하면 달걀의 한 100배쯤 될 것 같지? 그런데 의외로 공룡의 알은 크지 않아. 공룡 알은 보통 10~30센티미터 정도이고, 달걀과 모양이 비슷하지. 지금까지 발견된 알 화석 중 가장 큰 것은 길이가 45센티미터나 되는 테리지노사우루스의 알이야. 또 가장 작은 알은 무스사우루스의 알인데, 메추리알만 해.

공룡 알 화석

그런데 거대한 몸집을 가진 공룡이 왜 이렇게 작은 알을 낳았을까? 만약 알이 몇 미터나 되도록 커진다면 쉽게 깨지지 않도록 껍데기도 함께 두꺼워졌을 거야. 그러면 다 자란 새끼가 깨고 나오기도 힘들고 숨을 쉬는 데도 어려움이 있었겠지?

모든 알 껍데기에는 눈에 보이지 않는 아주 작은 구멍이 있어서 이 구멍으로 호흡을 하면서 생존을 유지해. 공룡 알은 숨구멍이 새 알보다 8~16배나 많아. 왜냐하면 공룡이 살았던 시대에는 지금보다 이산화탄소가 훨씬 많았기 때문에 더 많은 산소를 흡입하기 위해서 숨구멍이 발달된 거야. 그런데 이 숨구멍을 통해 수분이 없어질 수도 있기 때문에 공룡들은 대부분 알을 땅속에 낳고 모래를 덮어 두었단다.

공룡은 알을 어떻게 부화시켰을까?

파충류는 보통 알이나 새끼를 잘 돌보지 않는 것으로 알려져 있어. 그래서 공룡들도 그럴 거라고 생각했지. 그런데 1993년에 알을 품고 있는 오비랍토르의 화석이 발견되어 새처럼 알을 품어서 부화하는 공룡도 있다는 것을 알려 주었어.

오비랍토르처럼 비교적 작은 공룡은 직접 알을 품어서 부화시켰지만 대형 초식 공룡들은 어떻게 알을 깨어나게 했을까? 어미의 몸길이가 9미터 정도인 마이아사우라는 돌과 진흙으로 둥지를 만들어 그 안에 20여 개의 알을 낳았어. 마이아사우라는 큰 몸집 때문에 알을 품다가는 깨질 염려가 많아서 나뭇잎 같은 식물들로 알을 덮어 잎이 썩을 때 나오는 열을 이용해 알 속의 새끼들을 자라게 했지. 마이아사우라는 부화된 새끼가 1미터 정도로 커질 때 까지 먹이를 갖다 주면서 둥지 안에서 키웠

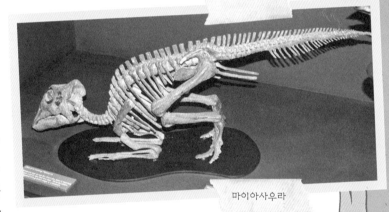

마이아사우라

어. 그래서 학자들이 '좋은 어머니 도마뱀'이라는 이름을 지어 주었어.

그렇다면 새끼들은 엄마와 얼마나 같이 살았을까? 오로드로메우스 같은 공룡의 새끼들은 갓 부화해도 다리뼈와 관절이 튼튼해서 바로 둥지를 떠나 세상으로 나갔고, 마이아사우라나 프시타코사우루스의 새끼들처럼 아직 힘이 미약한 녀석들은 스스로 살 수 있을 때까지 어미 공룡의 보살핌 속에서 성장했지.

27. 새들의 조상

시조새의 공격

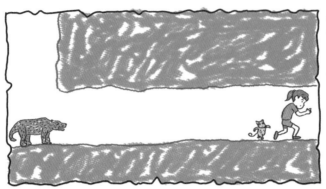

여긴 캄캄해서 아무것도 안 보여. 더 이상 못 가겠어.

사나이가 이 정도면 대낮이지 뭐가 어둡다고 그래? 아참 넌 사나이가 아니지.

어둠 속을 도망쳐 오느라 무릎과 손바닥이 다 까졌어. 여기서 어둠에 익숙해질 때까지 좀 기다려야겠어.

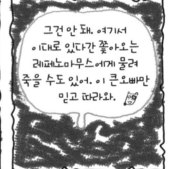
그건 안 돼. 여기서 이대로 있다간 쫓아오는 레페노마무스에게 물려 죽을 수도 있어. 이 큰오빠만 믿고 따라와.

나 참 여태까지 너가 날 따라왔던 거 아니야? 그리고 넌 에오 친구라면서 어떻게 큰오빠야?

내가 뭐 꼭 큰오빠라는 얘기가 아니라 난 사나이니까 연약한 여학생을 보호한다는 차원에서…

사나이가 그렇게 대단한 거면 지금부턴 앞장서서 가든가?

아, 알았어. 그런데 반대편 입구가 없으면 어떡하지요

무슨 사나이가 이렇게 겁이 많아. 사나이라면 확률은 반반일지라도 반대편 입구가 반드시 있을 거라고 용기를 주는 말을 해야 되는 거 아냐?

아, 알았어. 반대편 입구가 반드시 있을 거야. 거기서 에오와 네 친구도 만날 수 있을 거야.

레츠 고!

저것 봐. 동굴 입구가 보여. 이젠 살았다 살았어.

아, 눈부셔

저것 봐. 정말 작고 귀여워. 꼬마 익룡인가 봐.

쯧쯧쯧. 저건 꼬마 익룡이 아니고 시조새야. 새가 파충류에서 진화했다는 걸 보여 주는 생물로, 고생물학의 역사에서 중요한 위치를 차지하고 있는 새라고.

그래요 그렇다면 내가 키우는 앵무새, 앵순이도 저 시조새가 아니었다면 생겨나지 않았겠구나.

그렇지 시조새가 앵무새는 물론 모든 새의 조상이라는 말씀

흥 마치 자신이 모든 새의 조상이라도 되는 것처럼 말하는군. 너 에오 친구라더니 에오처럼 왕잘난척쟁이구나.

난 에오의 그냥 친구가 아니라 '절친'이야. 또 왕잘난척쟁이가 아니라 실제로 아주 잘난 거고 말이지.

165

형풍이란 이름 그대로 정말 허풍선이야.

어어~

~♩

형풍아~, 엎드려ㅇ

슈우욱~

형풍이 너 허풍 떨 생각 말고 정신 좀 차려ㅇ

에이~, 고작 까마귀만 한 게. 한 번만 더 까불면 내가 날개를 꺾어 버리겠어.

슈우욱~

퍽

아야

빨리 도망가자.

우다닥

가만있어. 내가 천을 감아줄게. 그러니까 시조새 앞에서 왜 그렇게 까불어ㅇ

아파!

조용ㅇ 숲 저쪽에서 뭔가 달려오는 소리가 들려.

바위 뒤로 숨자!

여기 낯설지가 않아. 티라노사우루스의 알 둥지가 이 근처 아니었어ㅇ

시조새는 새일까, 공룡일까?

병만이의 곤충 일기

우리가 알고 있는 새의 조상은 '시조새'다. 쥐라기 때 나타났고, 크기는 까마귀만 했다고 알려져 있다. 요즘의 새처럼 두 발로 걸어 다니기도 하고, 날아다니면서 작은 먹이들을 잡을 수 있도록 날개에 앞발도 달려 있었다. 이빨을 가지고 있는 것으로 봐서는 작은 고기와 식물들을 먹고 살았던 잡식성이었을 것으로 짐작된다.

시조새는 고생물 연구에서 아주 환영받는 귀중한 존재다. 다윈이 생물의 진화를, 주장했는데 진화의 과정을 증명할 '잃어버린 고리'들을 찾지 못한 경우가 많다. 그런데 시조새는 파충류와 조류의 특징을 모두 갖고 있어서 다윈의 주장을 뒷받침하는 증거라고 생각되었기 때문에 큰 관심을 받았다. 날카로운 이빨과 발톱이 달린 다리, 길고 잘 발달된 꼬리는 파충류인 공룡과 비슷하다. 그렇지만 꼬리의 양쪽에 일렬로 나 있는 비대칭 깃털은 조류만이 갖고 있는 뚜렷한 특징이다. 또 어깨 부분과 엉덩이, V자 모양의 뼈들에서도 조류와 거의 비슷한 모습을 찾을 수 있다.

시조새

이처럼 시조새는 1680년에 발견된 이래 최초의 새이면서 진화의 과정에 있는 '잃어버린 고리'로 오랫동안 인정받아 왔지만 최근에는 새의 조상이 아니라 날쌘 육식 공룡인 벨로키랍토르와 같은 무리의 공룡이라는 주장도 나오고 있다.

시조새가 새인지, 공룡인지 더 많은 연구가 필요하겠지만 고생물의 역사에서 매우 중요한 위치에 있는 특별한 존재인 것은 분명하다.

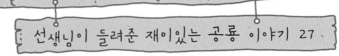

공룡은 정말 변온 동물이었을까?

도마뱀이나 악어, 거북과 같은 파충류는 우리가 알고 있듯이 냉혈 동물이지. 반면에 조류나 포유류는 온혈 동물이야. 그런데 냉혈 동물이니 온혈 동물이니 하는 것은 정확인 표현이 아니야. 왜냐하면 파충류는 피가 차가운 동물이 아니라 주위의 온도에 따라 체온이 변하는 동물이거든. 사람이나 새들은 항상 일정한 체온을 유지해야 살 수 있는 동물이고. 그래서 정확한 의미로 구분하자면 냉혈 동물은 변온 동물로, 온혈 동물은 항온 동물로 구분하는 것이 맞아.

파충류, 양서류는 몸의 온도를 조절하는 기능이 없어. 주로 햇볕에 의지해서 체온을 올리는데, 날씨가 더우면 체온도 같이 올라가고, 한겨울이 되면 체온도 낮아져. 그래서 활동하기도 힘들고 먹이도 많지 않은 겨울에는 겨울잠을 자는 동물들이 많아. 그럼 겨울잠을 자는 곰도 파충류냐고? 에이, 곰은 포유류지. 곰이 겨울잠을 자는 이유는 먹을 것이 별로 없는 겨울에 활동을 줄여 에너지 소비를 적게 해 살아남기 위해서잖아.

사람의 체온은 보통 36.5도야. 사람들은 36도에서 37도 사이를 유지해야 건강하게 생활할 수 있어. 사람은 북극에 살든, 아프리카에 살든 체온이 거의 비슷해. 이렇게 높은 체온을 항상 유지하기 위해서는 매일 음식을 먹어 영양분을 섭취해야 해. 추운 날 학교에서 오다가 떡볶이를 먹고 나면 몸이 한결 따뜻해진 경험들 다 있지? 사람들이 섭취하는 영양분의 대부분은 체온을 유지하기 위해 쓰이지.

그런데 뱀과 같은 변온 동물은 한 달에 한 번만 먹어도 생명에 지장이 없어. 체온을 유지하기 위해 영양분을 사용하는 일이 거의 없기 때문이지. 이렇게 변온 동물과 항온 동물은 일장일단이 있어. 에어컨이 선풍기에 비해서 훨씬 더 시원하기는 하지만 전기의 소비가 많은 것처럼 말이야.

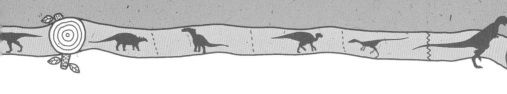

그렇다면 공룡은 변온 동물일까? 항온 동물일까? 공룡은 파충류이니까 당연히 변온 동물이라는 생각이 많았어. 그런데 최근에는 공룡이 변온 동물이라 하더라도 항온 동물과 거의 비슷한 기능을 가졌을 것이라는 주장도 있어. 몸집이 큰 파충류의 경우 작은 파충류에 비해 체온의 변화가 많지 않다는 점에 주목을 한 거지. 몸무게가 200킬로그램 정도 되는 갈라파고스거북은 땅의 온도가 20도나 떨어지는 밤에도 체온은 3도밖에 떨어지지 않는다는 실험 결과가 있어. 그렇다면 갈라파고스거북보다 100배쯤 더 큰 몸집을 가지고 있는 공룡들은 밤이나 낮이나 체온 변화가 거의 없을 것이라고 추측할 수 있겠지? 공룡은 정말 변온 동물과 항온 동물의 이점을 모두 갖고 있는 우월한 종이었을까? 좀 더 연구가 필요한 부분이야.

갈라파고스거북

너 살아 이었구나!

혼자선
안 되겠어.

에오야,
나 좀
도와줘.

이제까지 물건이 커져서 위기를
모면했는데. 이번엔 너무 커져서
쓸모가 없어.

어떡하지?

깜짝

부시럭

깜짝

병만아~

단비야, 너
무사했구나~

지금
반갑다고
인사할 때야?
형풍이부터
구해야지.

아차!

끙끙!

도저히 안 돼.
아까보다
더 커졌어.

형풍이
어떡해?

콰아아아앙~

툭!

형풍아, 형풍아,
정신차려~

171

어서 이곳을
피하자!

운석 덕분에
형풍이가 살았어.

운석이라면 공룡을
멸망시킨 그 운석? 그럼
우리 다 죽는 거 아니야?

죽긴 왜 죽어. 이제 곧
통로가 열릴 시간이야.
어서 가.

어서
가라니? 그럼
너희들은?

우린 이 시대 동물이니까 죽든 살든
이 시대에서 살아야 해. 그래야
진화한 포유류인 너희가 있을 수
있는 거고.

친구들
안녕.

어느 날 갑자기 사라진 공룡

병만이의 공룡일기

"여기는 북아메리카. 오리주둥이를 가진 공룡 아나토티탄이 풀과 나무로 배를 채우고 호숫가에서 물을 먹고 있을 때 머리 위로 거대한 운석이 순식간에 지나갔다. 그동안 간간히 떨어지던 운석과는 크기에서 엄청난 차이가 있었다. 잠시 후 가만히 누워 있던 몸이 심하게 흔들린다. 땅이 굉음과 함께 요동을 쳤다. 아나토티탄의 눈에 들어온 것은 화산의 폭발로 인해 날아오는 불덩어리들과 그 뒤를 이어 남쪽에서부터 하늘을 시커멓게 메우며 밀려오는 먼지구름이었다."

백악기 말 북아메리카에서 일어난 운석 충돌의 순간을 상상해 본 장면이다. 6천5백만 년 전 지구를 지배하던 공룡들이 한꺼번에 자취를 감췄다.

학자들은 공룡의 멸망에 대해서 여러 가지 의견을 내놓고 있는데, 지금은 운석 충돌설이 가장 많은 지지를 받고 있다.

백악기 말에 지름이 10킬로미터나 되는 거대한 운석이 멕시코에 떨어져 경상도만 한 운석구덩이를 남겼는데, 이 운석의 충돌로 인해 지구는 전 세계적인 지진과 해일, 화산 폭발과 화재로 급격한 기후 변화를 맞았다. 화재와 충돌로 생긴 먼지는 하늘 높이 올라가 햇빛을 차단하면서 밤이 몇 달 동안 계속 됐다. 식물들은 말라갔고, 바다의 플랑크톤도 죽어가 먹이사슬의 기본 토대가 무너졌다. 초식 공룡들은 먹이가 사라지자 굶주린 채 죽어가야 했고, 초식 동물들을 먹이로 하던 육식 공룡들도 점차 사라져 갔다. 지구를 활보하던 공룡들이 먹을 것이 없어 멸종하는 비참한 최후를 맞이한 것이다.

운석

하지만 최근에는 공룡들이 갑자기 멸종된 것이 아니라 기후 변화로 인해 수백 만 년에 걸쳐 서서히 진행되었다는 주장도 나오고 있다.

173

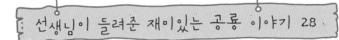
공룡들이 사라진 이유는 뭘까?

공룡이 멸종된 것에 대해서는 운석 충돌설 말고도 다양한 주장이 있어.

가장 웃기는 주장은 공룡이 방귀 때문에 멸종했다는 '공룡 방귀설'이야. 지구 상에서 가장 수가 많고 거대해진 공룡이 뀌는 방귀로 인해 온실 효과가 발생해 멸종에 이르렀다는 이야기지. 사람들도 점점 수가 많아지면 나중에는 '방귀 참아 멸종 막자.'라는 표어가 붙을지도 모르겠네?

'알 도난설'도 있어. 숫자가 많아진 포유류가 공룡의 알을 먹어 버려서 공룡이 멸종됐다는 얘기인데, 그렇다면 포유류가 알을 다 먹도록 엄마, 아빠 공룡은 무엇을 하고 있었을까?

지구에는 대멸종 사건이 여러 번 있었는데 '혜성 소나기'가 주기적으로 쏟아져서 발생했다는 주장도 있어. 태양에 '네메시스'라는 우리가 알지 못하는 가상의

공룡 멸종 상상화

쌍둥이 별이 있어서 '혜성 소나기'를 내리게 한다는 네메시스설이지.

　지구 표면에서는 희귀한 금속인 이리듐이 중생대와 신생대 경계층에 다량 함유되어 있음을 보고 나온 주장이 '화산 활동설'이야. 이리듐은 화산 활동이 많았다는 증거이며, 화산 활동이 갑자기 활발해져 지구에 급격한 기후 변화가 찾아오면서 공룡이 멸종되었다는 이야기지.

활화산

　또 대륙이 북극과 남극 지방으로 이동해서 빙하가 만들어졌고, 그 빙하가 햇빛을 반사해서 기온을 떨어뜨려 공룡이 멸종되었다는 '기온 저하설'을 주장하는 사람도 있어.

　바다의 면적이 커지면 생물의 종이 증가하고 작아지면 멸종이 있었다는 지층 기록에서 힌트를 얻어 나온 '해수면 저하설'은 지각 변동에 의해 바다가 낮아지고 얕은 바다는 육지가 되면서 기온도 내려가 멸종을 불러일으켰다는 설이야.

　오래된 견해이기는 하지만 공룡이라는 종 자체의 수명이 다해서 없어졌다는 의견도 있어. 공룡도 유아기, 청년기, 장년기, 노년기를 거쳐 멸종되었다는 말이야. 백악기 말의 공룡들에게서는 이상하게 생긴 공룡들이 많이 나타나 몸 안의 생태 균형이 무너지면서 멸종의 길로 갔다는 거지.

　이 밖에도 백악기에 처음 나타난 꽃가루 때문에 알레르기가 생겨 공룡이 멸종했다는 주장 등 여러 가지 멸종설이 있지만 모두에게 공감을 얻는 주장은 아직 없어.

에오를 살려 줘!

며칠 후.

후유~!

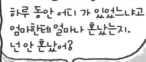

하루 동안 어디 가 있었느냐고 엄마한테 얼마나 혼났는지. 넌 안 혼났어?

......

에오와 형풍이는 죽었겠지? 으앙~.

우린 같은 친구였는데 우리만 살아왔어. 엉엉~.

훌쩍 훌쩍

아! 너희 집 지하실에 에오의 털이 남아 있겠지? 그걸 가지고 우리 삼촌한테 가 보자.

아, 맞다. 너희 삼촌이 고생물학 박사님이시지?

끄덕 끄덕

그거라면 어쩌면 에오를 살릴 수 있을지도 몰라. 당장 가자.

후다다닥

단비 삼촌이 일하는 연구소.

얘들아~, 이게 뭐라고?

중생대 백악기에 살았던 포유류 에오마이아의 털이에요.

뭐? 에오마이아의 털?

네, 삼촌. 우리 친구인데 이 털에서 DNA를 뽑아내면 친구를 다시 살릴 수 있지 않나요?

얘들이 지금 무슨 소리를 하는지. 차근차근 얘기해 봐.

박사님 에오는 우리 친구인데 지구가 운석과 충돌해서 그만 죽고 말았어요.

운석 충돌?

가만 있자, 넌 지난번에 개뼈다귀를 공룡 뼈라고 들고 왔던 그 친구 아니니?

네. 그때는 개뼈다귀였지만 이번엔 진짜 에오마이어 털이 맞아요.

삼촌이 도와주지 않으면 에오를 영영 못 본단 말예요.

울지 마라. 삼촌이 아무리 고생물학자라고 하더라도 차근차근 얘길 해야 알아듣지 않겠어?

제가 말씀드릴게요. 그러니까 저는 에오를 따라서 과거 중생대로 갔는데 단비도 함께 갔고 거기서 또 다른 친구 형풍이를 만나서…

주절주절

안 되겠다. 네 얘길 듣다간 밤을 새도 모자랄 것 같으니까 내가 궁금한 순서대로 물어보마.

음, 이 털의 주인이 백악기 포유류 에오마이어인데 이름이 에오고, 친구인 에오 털의 DNA를 뽑아 살려내고 싶다고요.

예~!

에오를 따라 중생대로 갔다가 에오와 친구가 된 거고 지구가 운석과 충돌할 때 에오가 죽는 걸 봤다는 얘기지요.

죽는 건 직접 보지 않았지만 그런 불구덩이 속이라면.

음, 나도 어릴 적에 그런 비슷한 경험이 있단다.

정말이에요?

그래. 나도 중생대로 가는 통로를 발견하고선 혼자서 중생대에 다녀온 적이 있단다. 딱 한 번 갔다오고선 다시는 통로가 열리지 않아 이렇게 공룡의 흔적을 찾아다니는 고생물학자가 된 거지.

그래도 너희 둘은 함께 다니고 또 에오라는 귀한 친구까지 사귀었다니 외롭지 않았겠어.

그런데 에오가 죽었어요. 이 털 하나면 에오를 다시 살려낼 수 있는 거죠?

에오는 다시 살릴 수도 없지만 다시 살릴 필요도 없단다. 왜냐하면 에오는 죽지 않았으니까. 사람은 에오 같은 포유류가 진화한 동물이라 우리의 피 속엔 에오의 피가 흐르고 있단다.

놀이공원에서 트리케라톱스를 볼 수 있을까?

산란기를 앞둔 모기가 공룡의 피를 빨고 나무에서 앉아 휴식을 취하려는 순간 나무에서 흘러내린 수액에 갇혀 그만 죽었다. 굳어 버린 수액은 모기를 품은 호박이 되어 땅속에 묻힌 채 수천만 년이 지나서 우연히 인간에게 발견되었다. 이 놀라운 발견은 과학자들을 흥분시켰고, 이들은 최첨단 기술을 동원하여 호박 속에 갇힌 모기로부터 공룡의 피를 뽑아내 오랜 연구 끝에 마침내 공룡의 DNA를 복원해 냈다. 이 DNA는 개구리 유전자와 결합되었고 현생 파충류의 몸을 통해 지구상에서 사라진 공룡이 마치 타임머신을 타고 온 것처럼 인간들 곁으로 돌아왔다.

영화 〈쥬라기공원〉에서 이야기하는 공룡 복원에 관한 시나리오다.

그런데 정말 가능할까? 답은 가능하다고 한다. 부패하지 않은 공룡의 피를 구할 수만 있다면. 그리고 거기서 DNA를 완벽하게 뽑아낼 수 있다면 말이다. 또 애기씨를 잘 키워 낼 수 있는 애기집이 있다면. 이 정도 되면 이게 가능한 건지 아닌지 헷갈린다.

대부분의 과학자들은 공룡을 공원에서 보는 것은 거의 가능성이 없다고 한다. 온전한 공룡의 DNA를 구하기란 하늘의 별따기보다 어렵고 또 잘 키워 낼 수 있는 애기집을 구할 수도 없으니 말이다.

영화 〈쥬라기 공원〉 포스터

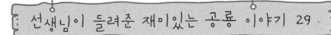
고생물 연구의 보물창고, 호박

호박은 보석의 한 종류야. 우리나라에서는 옛날에 부잣집 도련님의 한복 단추로도 쓰였지.

나무에서 나오는 진이나 수액이 굳어서 생긴 것이 호박인데, 오래전 지구상에 살았던 고생물을 연구하는 데 많은 도움이 되고 있어. 왜냐하면 호박 속에는 곤충 같은 작은 생물들이 들어 있는 경우가 있기 때문이야. 특히 호박이라는 보호 물질이 생물의 훼손을 막아 주고 있어서 더욱 연구 가치가 높아. 그래서 다른 보석과는 달리 이물질이 안에 들어 있으면 더욱 귀한 대접을 받지.

호박은 공룡 화석처럼 세계 각지에서 발견되는데, 그중 레바논에서 찾아낸 호박들의 질이 좋다고 해. 영화 〈쥬라기 공원〉의 원작자도 레바논에서 발견된 호박 속에서 공룡의 피를 빨아먹고 산 곤충을 발견했다는 이야기를 듣고 소설을 쓴 거란다.

호박

공룡을 복원할 수 있는 DNA

우리 몸이 세포로 이루어져 있다는 것은 모두 알고 있지? 그 세포 안에 있는 중요한 요소 중 하나가 DNA야. DNA에는 4개의 염기인 아데닌, 시토신, 구아닌, 티민이 다양한 조합으로 연결돼 유전 정보가 기록되어 있어. 사람은 이 염기가 무려 30억 개가 있대. 그런데 무슨 말인지 잘 모르겠다고? 간단히 말하면 DNA는 사람이 만들어지는 방법과 특성을 기록해 놓은 설계도라고 할 수 있어.

모든 생물엔 이렇게 DNA가 있어서 그 설계도에 따라 고유한 모습과 특성을 가진 생물이 생겨나. 즉 공룡의 DNA만 있다면 지금 과학자들이 양이나 개를 복제하듯이 공룡을 복제하는 것도 가능하다는 얘기지. 그런데 문제는 손상되지 않은 DNA를 어디서 찾느냐는 거지.

티라노사우루스는 치킨 맛?

미국 하버드대학교 의과대학의 슈바이처 박사는 2007년에 정말 놀라운 발견을 했어. 몸의 다른 성분보다 빨리 녹아 없어지는 단백질 성분을 티라노사우루스의 넓적다리뼈에서 찾아낸 거야. 이 단백질의 성분을 분석한 결과 티라노사우루스의 단백질이 아이들이 좋아하는 치킨의 성분과 비슷하다는 사실을 밝혀냈어. 성분이 비슷하다는 것은 맛도 비슷하다는 얘기일 거야.

과학의 발달은 6천500만 년 전에 멸종된 공룡의 특징을 하나씩 하나씩 밝혀내고 있어. 어쩌면 머지않은 시기에 공룡을 되살릴 수는 없어도 공룡 맛이 나는 햄버거는 먹을 수 있게 되지 않을까?

돌아온 에오

그래도 꼭 에오를 다시 만나고 싶어요. 매머드를 복원할 가능성이 있다면 에오도 가능한 것 아니에요?

에오를 다시 살리는 것보다는 지금 우리가 살고 있는 지구를 지키는 게 더 중요해.

지금 우리가 살고 있는 지구가 왜요?

공룡이 멸망한 건 거대한 운석이 지구에 떨어졌기 때문에 어쩔 수 없는 상황이었지만 지금은 지구온난화를 불러오는 등 인간이 스스로 지구를 망가뜨리고 있잖아.

병만이네 집 거실.

우리 마지막으로 에오가 자주 오던 지하실로 가 보자.

어 무슨 소리지? 쥐가 있나?

부스럭 부스럭

너 에오 맞지? 어떻게 살아온 거야?

난 과거로도 갈 수 있지만 현재로도 미래로도 갈 수가 있어. 너희들에게 내가 보고 온 미래를 보려 주려고 왔어. 자~양

인간, 홀로세의 공룡이 될 것인가?

한국호랑이, 중국코끼리, 바다밍크, 도도새! 황금박쥐, 판다, 알바트로스, 이라와디돌고래! 앞에 것은 인간들에 의해 이미 멸종된 동물들이고, 뒤에 것은 아주 심각한 멸종 위기에 있는 동물들이다.

공룡이 살았던 시대를 중생대라고 하고, 인간이 지구를 지배하고 있는 지금의 시기는 홀로세라고 부른다. 인간의 멸종 위기를 경고하는 사람들은 인간을 '홀로세의 공룡'이라 말하기도 한다.

인간이 많아지면 더 많은 에너지와 식량이 필요하다. 그런 에너지와 식량을 얻기 위해서는 발전소를 더 많이 지어야 하고, 숲을 파헤쳐 논과 밭을 만들어야 한다. 인간들은 식량을 얻기 위해서 매년 우리나라(남한)의 반

도도새

정도 되는 숲을 사라지게 하고 있다. 세계 인구가 약 100억 명에 이를 것으로 예측되는 2050년쯤에는 아프리카의 밀림이 남아 있을까?

공룡은 자기들의 잘못으로 멸종된 것이 아니다. 급격한 자연환경의 변화에 적응하지 못해서 사라졌다. 하지만 인간들은 스스로 멸종의 길을 향해 걸어가고 있다. 생태계를 파괴하면서도 과학의 힘으로 자연을 극복할 수 있다고 믿으면서 말이다.

하지만 지구가 스스로 생태계를 유지할 수 없는 순간이 오면 인간을 버릴지도 모른다. 빠르게 진행되는 온난화, 시기를 가리지 않는 집중호우나 가뭄 등은 인간에게 더 이상 자연의 인내심을 시험하지 말라는 경고가 아닐까?

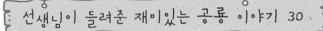

다섯 차례 찾아온 지구대멸종

현재 지구에 살고 있는 생물들은 크게 다섯 차례의 멸종을 견디고 진화해 온 생명력이 강한 종들이야. 정말 운이 좋은 생물이라고 할 수도 있겠지. 그럼 다섯 차례의 대멸종을 통해 사라지고 진화한 생물은 무엇인지 살펴볼까?

맨 처음 대규모 멸종이 있었던 때는 고생대 오르도비스기 말이야. 약 4억 4천만 년 전이지. 이때 지구에 사는 생물들의 반 정도가 멸종했어. 그 결과 삼엽충이나 바닥에 붙어 사는 조개 비슷한 완족류, 이끼벌레 같은 종들이 대부분 사라지고 앵무조개처럼 생긴 암모나이트가 번성하게 되었지.

암모나이트

두 번째 대멸종은 약 3억 7천만 년 전 데본기 말에 일어났는데, 턱이 없는 원시어류와 산호 여러 종이 없어지고 양서류가 진화해서 살아남았어.

역사상 가장 큰 규모의 멸종이 있었던 때가 바로 세 번째 대멸종이야. 지구에 사는 종의 90% 이상이 깨끗하게 사라져 버렸지. 페름기 말이니까 약 2억 5천만 년 전의 일이야. 이 대멸종은 공룡과 포유류가 살아갈 수 있는 환경을 만들었다고 볼 수도 있어. 또 한 가지 특이한 것은 생물의 대부분이 사라졌는데 불과 100만 년이라는 지구 역사에서 보면 짧은 시간 내에 다양한 생물종이 다시 나타났다는 거야. 지구의 회복력은 참 놀랍지?

대멸종 중 가장 규모가 작았고 공룡이 지구의 지배자가 되게 만든 네 번째 멸종은 약 2억 년 전인 트라이아스기 말기에 일어났어. 그때까지 지구를 점령하고 있던 지배 파충류가 거의 멸종되고 대형 양서류는 완전히 사라졌지. 공룡을 위협하던 포식자들이 사라져 잘 먹고 마음이 편해진 공룡들은 몸집이 거대해지기 시작했어.

백악기 말에 있었던 마지막 대멸종은 앞에서도 얘기한 것처럼 공룡을 사라지게 만들었어. 지구상의 생물 중 반이 멸종하면서 공룡도 함께 없어진 거지. 이 멸종은 포유류가 지구 역사의 주인으로 나설 수 있는 조건을 만들면서 인류의 진화를 가능하게 한 중요한 토대가 되었다고 볼 수 있어. 인간으로서는 참 다행스러운 일이 아닐 수 없지.

대멸종은 적게는 20% 정도에서 많게는 90% 이상의 생물종들을 지구상에서 사라지게 만들었어. 그런데 대멸종이 일어난 원인은 아직 정확하게 밝혀지진 않았어. 하지만 대부분 급격한 기후 변화가 큰 원인일 것이라고 추측하고 있어. 요즘 들어 잦아지고 있는 세계 각지의 이상기후 현상들은 여섯 번째 대멸종의 시작을 알리는 신호는 아닐까.

아마존 열대
우림 파괴

대기 오염